相遇在爱里

极简全蔬食 2

素愫 / 著

華夏出版社
HUAXIA PUBLISHING HOUSE

爱，19 款爱的心思

甜，17 款无糖甜品

作者 & 读者故事

等你来吻我，春暖花开时

庚子鼠年，大年初八我才第一次出门，去买蔬菜和水果。戴着口罩走在冷清的街上，我忆起他甜蜜的吻。

我们遇见在繁花盛开的春日。他起身轻轻抱住我的那一刻，全世界都安静了，只听见彼此的心跳声。不知道过了多久，一个轻吻融化了我冰封已久的爱情。

第二天再见时，他却只是暖暖地抱着我。我问："你怎么不像昨天那样吻我？"他腼腆地低下头，指了指喉咙："我有点咳嗽，我怕，会影响你……"

如果此刻我们遇见，戴着口罩的我们是不是只能遥遥相视，用眼神说"我爱你"？

我们失去了最宝贵的东西：自由。

我想起 1945 年 8 月 14 日的一张照片《胜利之吻》。日本宣布投降，纽约民众纷纷走上街头庆祝。欢乐的人群中，一名水兵俯身亲吻身边的一名女护士。而他们并不相识。

那一刻，我想是因为重获自由。

我的老师 Frank 回美国时七十多岁了，我以为此生不会再见，数年后他却飞到中国来看我。他热烈地拥抱我，在我的脸颊轻轻一吻，慈父般温暖。

昨日收到他的邮件，他说一时找不到我的电话号码，急切要求我回信，问我是否安好，是否容易买到食物。一向回信不及时的我迅速回了邮件，告诉他，我待在家里，一切都好。

Frank 也立即回邮件，他说他要开始学着一个人生活，学着只做一个人的饭。他说她是个好妻子，他无时不在想念她。我不敢相信，那个和他一起为我们唱《You are my sunshine》的她，竟然留下他一个人先走了。

六十多载夫妻情深，Frank 此时的孤寂，无人能体会。我想给他一点温暖，却发现无能为力。我多想珍惜所拥有的一切，趁一切都还来得及。

这些天，我在微信群里刷群规，要求大家不再发与低脂全蔬食无关的内容。有人支持，也有人不解。我们不缺资讯。在缺乏安全感的时期，我们更加需要淡定温柔的爱。

心念具有神奇的力量。我们念想什么，可能就会发生什么。我一直相信，爱是一切的答案。爱能疗愈一切。

看到这个“愈”字，我觉得它像是在告诉我们，把心放下。比起无边焦虑、抢购药品，我们更需要持正面心念、吃健康食物。

下午的时候，舅舅在群里问我妈，甲鱼怎么杀怎么烧？妈妈回答说：“我从没杀过，也从没烧过。”我一向不在群里多说话，却还是说了一句：“放生了吧！”

也许没人在意我的话。还有两个亲戚在给舅舅支招。我又说了一句：“锅里的可以煮熟，相关器具很难消毒，建议放生。”

没有人再说话，大家都安静着。

如果爱是一切的答案，那么人不只会爱人，还会爱所有的一切，包括和我们一样有情感的生命：那些不会说话的动物。

同学在广州开店卖肉菜。前天他说，有客人问，你这鱼不会是从武汉来的吧？

不管鱼从哪里来，他们身上都可能携带着病原体，但不会伤害到我们，只要我们不伤害他们。

我们会真正拥有自由，如果我们也愿意给他们自由。

我看见，我们自由亲吻所爱，正是春暖花开。

低脂全蔬食·碎碎念

低脂全蔬食，是本书菜谱遵循的原则。

低脂，即饮食中脂肪摄入低。全蔬食，即全食物蔬食，指完整或未过度精加工的植物性食物。

用水果、蔬菜、豆类、谷类和爱心，制作我们每天的餐食。

谷类中我们常吃的精制白米白面损失了大部分营养，而且升糖指数高，最好替换成全谷类，如糙米、全麦及其他非精制的杂粮等。

糖不是全食物，对健康无益。不用任何糖也能轻松做出美味的甜品。

有一种烹饪方式，试过就会爱上：无油烹饪。不仅健康美味，连洗碗都成为乐事。食物中就有脂肪，所以我们不需要瓶子里的油，油损失了食材中的膳食纤维和许多营养，余下的是高热量的脂肪。

坚果类是全食物，但脂肪含量高，好吃也不要贪嘴。不过我发现，炒过的尤其加了调料的坚果才容易吃上瘾，生坚果吃多一点自然就感到腻了。

Omega-3 脂肪酸很重要，亚麻籽是很好的 Omega-3 脂肪酸来源，要磨碎了吃才好消化，可以打在果蔬昔里或用来制作其他美食。亚麻籽生吃更佳，除了对生亚麻籽不耐受或有相关禁忌的人群，一般人每天食用 50 克以内生亚麻籽是安全的，不过我们通常也吃不下这么多。

由于现代耕作方式不同于传统农耕，种植的土壤中通常缺乏维生素 B_{12}，纯素食者须补充维生素 B_{12}，比如购买维生素 B_{12} 补剂，具体用量可咨询医生。

阳光是大自然的恩赐，若日晒充足，体内维生素 D 达标，就不需要再吃维生素 D 补剂。

饮食不是影响健康的唯一因素。正面心态、早睡早起、适量运动，都有助于我们达到身心平衡，活力满分。

低脂全蔬食·三餐攻略

经常有朋友问，到底吃啥呀？这篇我们聊聊一日三餐、便当、外食，仅做举例，抛砖引玉，毕竟我大中华的美食和吃货的智慧，都是超乎想象的。

【活力充沛的早餐】

1. 中国传统早餐代表——包子 & 豆浆，有吃有喝。

喝的：各种豆子，比如黄豆、黑豆、鹰嘴豆等选一两款，浸泡、清洗、煮熟后，加热水用大功率料理机（即破壁机）搅拌细腻即可。要喝甜味的，加红枣等一起搅拌，免用糖。有些料理机可以将生豆子直接煮熟打成豆浆。

不限于豆类，其他食材也能制作好喝的饮品，比如香甜枣芋羹（第 234 页），可以尽情发挥想象。

吃的：用各种粗粮粉，做成馒头、包子、饺子、窝头等等。

“我的饺子馅总不能粘成团咋办？”不咋办啊，不一定非得黏成团，散的也很好吃呢。当然，用豆腐泥、土豆泥等各种泥可以成团，煮熟的藜麦也可以。

提前多做一些，饺子生的时候冷冻，馒头、包子等蒸熟放凉后冷冻，可以保存较长时间。吃时从冰箱取出，无须解冻，馒头、包子、窝头等放入蒸锅蒸热；饺子放开水锅里煮熟，几分钟就好啦。

2. 三分钟营养早餐：粗粮细作之五谷杂粮糊。

①将喜欢的五谷杂粮豆子等浸泡清洗后混合，用电压力锅煮成饭或较干的粥，然后分装成小份，冷却后于冰箱急冻保存。

②提前一晚取出放于冰箱冷藏室或冰箱外解冻，早上加热水于大功率料理机，搅拌细腻。机器若给力，口感会很赞，丝般柔滑。

③加红枣等一起打可增加香甜口感。

很适合没时间在家吃早餐的人，先少加点水打稠点，用杯子装上，到了上班的地方兑些开水搅一搅，您说这一杯在餐厅卖个二三十元，也是可以的啊。

3. 生机盎然的果蔬昔。

尤其冬天，加温水打果蔬昔，就不用发愁吃水果太冷了。做法可参考“绿果菜露”（第 222 页）。

当然，吃完还可以吃水果或其他熟食，吃饱就好。

最好先吃生食，后吃熟食，中间间隔一些时间，这样对肠胃更友好。

【能量满满的午餐】

有条件在家吃当然幸福，没条件在家吃，后面我们会讲便当和外食。

“主食”的选择也很多：全谷类如糙米、全麦、小米、荞麦、青稞等等；高淀粉类蔬菜如莲藕、土豆、红薯、芋头等等；营养丰富热量低升糖指数低的藜麦；还有水果等，各取所需。

有时间的话，花点心思做菜。据说菜做得越好吃，一家人思想统一越快。

【轻轻松松的晚餐】

晚餐不过饱，睡觉睡得好。参考“每日餐盘”中的果、蔬、豆、谷四大类，可以对一天中没吃到的进行查漏补缺，也可以选一些较易消化的轻食，比如沙拉。

如果中午条件有限，随便对付了几口，或者晚上还要加班的同学，吃丰盛点无妨。

【营养丰富的便当】

勤奋工作，就是为了幸福生活。所以，从这一秒开始，就要对自己好。公司食堂若还没有素食窗口，可以自带便当。吃好了，就有力气升职加薪。

便当，其实就是把家里吃的装进容器，有几点“碎碎念”：

有些绿叶菜熟后不易保鲜，中午便当可以不吃这些，反正早上的果蔬昔、晚上的粉蒸菜、沙拉等都可以大量摄入绿叶菜。

汤，如果不好携带，可以只带干的部分，比如莲藕板栗黑豆汤，把莲藕、板栗、黑豆捞出带上，汤留着晚上煮面煮饭煮火锅。

夏天，吃冷的都可以。米饭冷了大概不好吃，但做成饭团或寿司好像就不同了。藜麦、土豆、玉米、红薯、全麦面包等冷吃无妨，再加点煮熟的豆子，揣一袋水果，也是丰盛的一餐。

天冷时，就要吃点热的。上班的地方允许的话，用一个小的电煮锅或电蒸锅现场做，或带上熟的，到了饭点蒸热就行了。

【机智灵活的外食】

“在家千日好，出门样样难。”那是过去的事了，现在，有爱的地方就有家。

选择一：自带。

外出办事、郊游或是搭火车飞机，都可以自带一两餐新鲜的：水果、水果沙拉、可冷食的便当、点心、红薯玉米、馒头包子等。

在《极简全蔬食》里我写过一篇火车上做彩色生食面条的文章，许多人对其可行性表示质疑，但我朋友就照做了，高兴得很。

生活中许多的不可能，其实只是我们假设出来的。

若旅程较长，可以备水果和干粮，如杂粮馒头、全麦面包、代餐粉、藕粉、无添加杂粮饼干、坚果、干果、风干水果、风干绿叶菜等。

自制的亚麻籽糖粉（参考本书第 126 页，“素愫的麻糍”）不仅易饱腹，还能搭配其他食物增添美味，常温也能保存一些天。

我用饭盒带过金色年华小月饼（本书第 220 页）和鲜果沙拉当火车上的一餐，不仅吃得奢华引邻座艳羡，而且没有产生包装垃圾。月饼可以提前一天做好放冰箱。

选择二：自煮。

带上小电蒸锅或电煮锅，就像带上了厨房。出门在外的一日三餐，也不用委屈自己。在当地菜市场、超市购买新鲜果蔬、豆制品等，很容易就做好一餐。还可以随身带一些易熟的藜麦、小扁豆、喜欢的酱料等。

如何在小行李箱带上“一间厨房”所需要的各种工具？如何在就近的菜市场用极简的食材，弄出一锅美味？我的微信公众号“素愫的厨房”有一道菜叫“随身迷你锅”，我在那儿唠叨了许多小细节，可以参考。也可以在《极简全蔬食》这本书里找到这道菜。

选择三：餐馆。

除了一些依赖中央厨房配送，无法灵活调整的餐馆，大部分的餐馆都可以依客人的需求来制作。在交流的过程中，还会收获许多乐趣。餐馆用餐攻略见本书第 14 页。

沟通让世界更美好。我和你、你和他，原本也没什么不同，只是有时站的位置不同，看的角度不同而已。

本书旨在分享美味蔬食菜谱及健康理念，
并无以此代替任何必要的医疗措施之意。
饮食原则是方向性建议，
需倾听身体的声音，依自身情况灵活调整。

懒
懒，是为了省下时间去爱
22款快手美食

谨以此文献给，
向着梦想前行的你

我体验过黑夜里的绝望。

在山林中负重徒步七八小时后，队长带着孩子落在了后面，队员们在岔路前迷失了方向。

击垮我们的不是饥饿、疲惫、迷路和黑黑的夜，而是不知道离目标到底还有多远。

我们准备去一处无人的洁净海滩露营，带了各种野炊的家什。出发前，队长看着瘦小的我问，你徒步还是坐面包车？我问，徒步要多久？队长说，三四个小时。

我毫不犹豫地选择了徒步。然后，我们抬着一口巨型的锅，跋山涉水。每次问队长还有多远，他都说“还有两小时”。后来，我不再问了。

所有人都躺在了地上，望着星空。有人说，我好想吃一碗甜品。有人说，我想要一辆车，拉我回城市。夜空中弥漫着绝望的气息。

队长终于来了，他手一指说：走这边。我们跳下一米多深，高一脚低一脚地踩在嶙峋怪石上。后面传来一个小朋友的惊呼：“看前面那个女孩，她不用头灯也走得那么快！”我小时候走惯了乡下的夜路，很简单，把脚尽量抬高就是了。

乱石路上走了几分钟，突然，耳边传来细微的悦耳的声音，凝神细听——是涛声！海就在前面！还没来得及欢呼，脚下突然一软，已经踩在了沙滩上。大伙儿撒欢地冲向海滩，支锅炊食，架设帐篷。伴着海风和涛声的美好一夜。

第二天早上回程，我拖着那口大锅，落在了最后。走到昨夜绝望躺下的地方，我忍不住回头望了一眼。

这一望，惊诧，以至于此生不忘。

我站在一处高地，前方是一片树林，视线穿过清绿的叶子、银白的沙滩，直至与蔚蓝的海水温柔相接。

那一刻，美得心都融化了。而昨夜的我，竟然在此陷入绝望，仅仅因为，黑暗将我的眼睛和梦想阻隔。

现在的我，再也不害怕黑暗。我相信，一切最美好的都正在发生，或正在奔向我的路上。我只需要敞开怀抱，迎接美好。

即使黑暗遮挡了眼睛，我们还有可以穿透一切的心灵。

香锅乱炖

偶然翻看从前的日志，发现几年前的夏天，我写了个炖汤公式，还配了图。炎炎夏日，无法爱上烟熏火燎的厨房，便经常简单快捷一锅炖，菜和汤都有了。

这篇是优化后的乱炖公式，减去了油，简化了步骤。

许多朋友爱上了乱炖，一锅端出来，五彩缤纷里飘着生活的香气，好简单，好满足。

可以懒，但无须将就。

食材

主角：干菇（香菇、花菇等）、番茄、土豆、时蔬。

客串：盐。

看图，做美食

1. 干菇洗净泡发切块，土豆去皮切块，番茄切块，所有食材连同泡菇的水放入锅，再添加适量的水，一起煮。依个人需求，加少许盐。

   干菇泡半小时就可能切得动了，有时间可以泡久点，去掉根部黑色的部分。若不想花时间久煮土豆，就切薄切小一点。

2. 煮至土豆变软，用压泥器压出些番茄汁和土豆泥。

   这是一锅百搭汤底：香（菇）、鲜（番茄）、稠（土豆泥）。

3. 加入喜欢的时蔬。按易熟程度先后放入，如有需要久煮的，可以在第1步就加入。

   玉米、胡萝卜、节瓜、马蹄等可以增加汤的清甜味。加入豆制品或煮熟的豆子，可获得较多的蛋白质。

4. 不耐煮的蔬菜最后放入，煮开一会儿即可关火。尝尝味道，决定是否需要加盐。

   今天加了芦笋和蟹味菇。

5. 想吃什么，就煮什么，一锅就够了。

   注意控制食材的分量，尤其当品种很多时，一不小心煮一大锅，会吃到扶墙走。

餐馆用餐攻略

在外面找纯素食吃，其实很简单。

首选素食馆。先用百度或高德地图，查找附近的素食馆，打电话确认是否还在营业。我朋友每次打电话都直接问：“请问你们还在营业吗？”我都是问：“请问您那是素食馆吗，是点菜还是自助呢，需要提前订位吗？”

没有素食馆，就去火锅店，好处就不用解释了。手工写单的餐馆通常比较灵活，跟老板或店长提要求就可以了。买任何东西都要电脑出张单子的店，可能就要多说几句。

比如有些火锅店，一定要先点个汤底（可能都是你不愿吃的），那就点一个最便宜的汤底，然后交代请给我一锅白开水。有的火锅店即使肯付钱都不肯给白开水的，就要耐心劝服。其实，老板都是想给客人最好的，只是有时他们不懂你的世界。

冒菜馆。各种生的食材自选，称重计价后，一锅烩熟再拌调料。素食的食材还挺丰富，选用添加物最少的那款调料，或者要求不拌酱。只要你拍着胸口说，肯定好吃，老板一般也会放过你。

其他杂食馆。按菜单点菜，进行改造，表述一定要简洁清晰。光强调“我不要什么”，对方容易蒙圈。曾有小伙伴要求“黄瓜炒肉，不放肉”，结果得到一份黄瓜炒鱿鱼。最好先说“我要什么”，不要的部分，用一句话概括。

如果你说，炒黄瓜、少放油、少放盐、不许放糖、不能有味精鸡精、蘑菇精也不要、不可以有肉、不准放葱、蒜也不能要……这是要考人家速记么。就说：“请帮我清炒黄瓜，少油少（无）盐，其他一切荤类和调料都不要加，我因为身体原因不能吃这些，谢谢您的帮忙。”

适合蒸的食材就更容易，请帮我清蒸一盘南瓜，什么调料都不要放。

除了看菜单，也可以直接看厨房里的食材，自己设计菜式：请帮我用白开水煮一碗面，里面加上香菇和大白菜，不要肉汤底和其他调料，我是吃素的。

如果端上来的菜，你还是觉得油盐调料多了点，可以向老板讨一碗开水，把菜涮涮再吃，就行了。

如果已经体验到无油无盐的美味，以上麻烦都省了。随便走进一间餐馆（能自由点菜，不是只有固定套餐的），跟点单的人商量：能把您家现有的素食食材，用白开水无油无盐煮一锅吗?

对方可能会说："我去问问大厨能不能做，但是，这样会好吃吗？"只要你拍着胸口说，"非常好吃，希望大厨帮忙"，就能吃上一餐全满分的低脂全蔬食。上次我就这么点了一锅，还是用火锅端上来的，色彩搭配和刀工都显示出大厨的用心。

吃的时候，一定要让大家看见你吃得欢天喜地，盆底朝天。吃完了，一定记得去感谢老板、员工和大厨。这样他们就会懂得，原来世上有些人，是真心喜欢吃这样的食物。

我第二天又去那间店，老板已经很熟悉我，我还要求不放胡萝卜和豆角，放些黑木耳，菜送上来时，惊喜地看见还有我喜欢的杏鲍菇。

有一次在旅游景点的餐馆，经过沟通，服务员同意按清水煮一锅的方法，但我必须先照菜单点两个素菜，出单后大厨将这两个菜的食材煮出来。菜出来后，吃到一半时，一个很帅的服务小哥端来一碟蚕豆拌核桃，鲜绿的颜色甚是清爽。小哥轻声说，这是按您的习惯做的，没有放油，只有一丁点儿盐。

可是我没有点这个菜啊！小哥说，是我们大厨送给您吃的。

原来，大厨觉得客人花了钱才吃一盆水煮菜，心里不舒服，就按我的无油少盐原则，自己做了这道菜！

每个人都用他们认为最好的方式在爱着我们。我们需要的是沟通，让对方明白，我们要什么。

愿所有相遇的人，都能彼此理解、相互欣赏。如此，便是滋养。

田园芋艿

我在买毛芋头，一个阿姨在我耳边说："这个好好吃啊！真的，这个芋头好好吃啊！我昨天都吃了。"阿姨是不是觉得昨天吃了，今天得换个花样，但着实怀念它的好。

有小伙伴说，看到这个菜谱，没做之前在心里嘀咕，这菜无油无盐还用高压锅速成，能好吃吗?

然而，和另一道粉蒸茄子豆角[1]一起做出来后，因为实在太好吃了，没控制住自己，等不及家人回来一起吃，一个人盛了一碗糙米杂粮饭，就着两个菜全程站在厨房灶台边，就把一顿饭给解决了……

1. 粉蒸茄子豆角，做法详见《极简全蔬食》或微信公众号"素愫的厨房"。

好吃的菜，我不介意连续天天吃。

食材

主角：小芋艿，胡萝卜（可选），嫩豌豆（可选）。

总共三样，两样是可选项。那么，总共有几种搭配组合方式呢？

看图，做美食

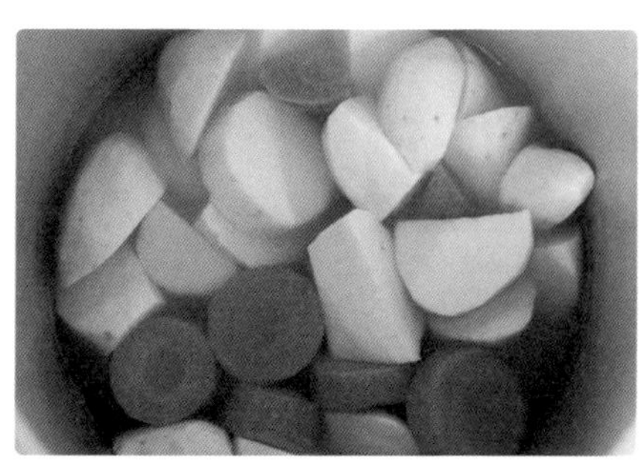

❶ 小芋艿和胡萝卜去皮洗净，分别切成较厚的圆块或滚刀块。

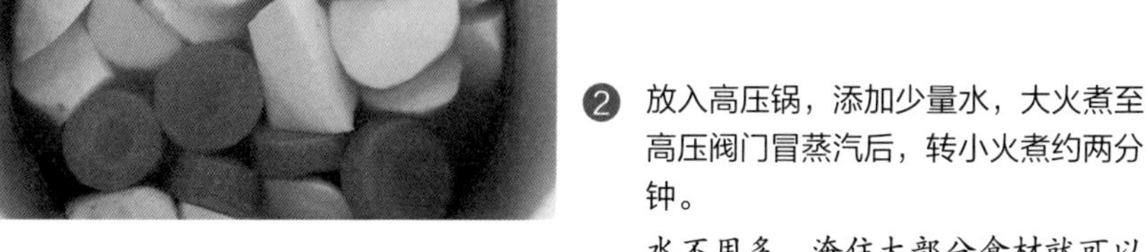

❷ 放入高压锅，添加少量水，大火煮至高压阀门冒蒸汽后，转小火煮约两分钟。

水不用多，淹住大部分食材就可以了。只需一两分钟，而且食材要大块些，不然可能都煮化了。也可以使用焖烧锅、电压力锅等。

❸ 开锅后，加入剥好的豌豆仁，不用加高压阀，煮沸一会儿，豆子熟了即可。

❹ 不用加盐，盛起享用，清新可口。

往后余生，我只想一直温柔

表兄弟姊妹们一起玩耍，最小的妹妹说了一句：“我将来要做……”引来小伙伴们惊讶赞叹。一旁的长辈也连声赞赏说：“这真是有志不在年高呀！你们这些哥哥姐姐都没有志向，妹妹最小却已经有理想！”

那是许多年前，我就是那个最小的妹妹。

当年我宣告的理想是什么，早已不记得了。就算我试图努力回忆，也是徒劳。唯一能确定的是，我肯定不是说：“我要做个美食作家。”

那时我的字典里根本没有“美食”这个词。从小脾胃很差，对我来说，吃饭不是享受，而是任务。

长大工作后，脾胃差的问题渐渐改善了。热爱烹饪的我甚至成了大伙眼中的“三好”吃货：吃得好，做得好，说得好。

对美食的热情，能带给一个人非凡的勇气。随意讲两个故事。

在漓江边的农家餐馆吃饭，节假日客人爆满，小店忙不过来。大家都饿着肚子坐着等，我走去厨房，跟老板打个招呼，搬了口大锅自己动手。

“千煮豆腐万煮鱼”，漓江的水好、鱼鲜，我耐心慢火煮，只放一点点盐，这一锅已非常鲜美。先来的客人还在等，我已经吃上了自己做的小鱼炖豆腐。

对一名“三好”吃货来说，天下的厨房都是自己的舞台。

我做的清蒸鲈鱼，连资深食客尝了都赞叹说，五星级酒店的出品怕也未必能及。在千里之外的朋友家里做饭吃，我想做清蒸鱼。可是朋友家里没有蒸的工具，只有一口炒锅，也没有蒸架。

当然，没有任何困难能阻挡一名吃货的脚步。当着那个英俊男生的面，我挥刀斩断了他家的两根筷子，搭成了蒸架。

写到这里，我突然笑了。

素食以后，我似乎丢弃了所有的厨艺。粗茶淡饭就很满意，再后来以生食果蔬为主，偶尔回忆自己曾经在烹饪上的热情，竟恍如隔世。

不曾料想的是，记忆在某一刻突然又清晰起来，带着无法言表的痛和决堤的泪。

那些日子，小腿在艾灸时不小心烫伤起了两个大泡。未在意的我依旧洗澡，伤口遇水感染，开始溃烂。十多年都不曾求医问药的我，懒得去医院，过了几日伤口越发严重，开始流脓。去药店买来烫伤膏抹了，却丝毫不起作用。

看着越来越糟糕的伤口，一边是不情愿去医院，一边又在胡思乱想，会不会讳疾忌医最后溃烂截肢……

那日早上，我在阳台上晾着衣服，不知为何突然想起曾经做过的一道高难度宴客菜：盘龙鳝。是用幼小的活鳝鱼制作，成品端出时，未开膛的整条小鱼都蜷缩成一个个圈儿，得名“盘龙鳝”。

吃时也很讲究，用牙咬开鱼的头颈处，扯出鱼骨和肚肠，余下全是鲜嫩无骨的肉。吃法有难度，会吃的人多是见过大场面的吃客。

做这个菜要有胆量，一般女生都不敢尝试。先在锅里下多多的油，烧至滚烫，再将沥去水的活鱼倒进油锅，小鱼必乱蹦乱跳挣扎，要迅速盖上锅盖，等鱼不再动弹了再开盖，继续后面的程序。

我写了这么多，当时在脑海里的回忆不过一瞬间。

彼时腿上烫伤处正疼，想起那活生生被我扔进油锅里的鱼儿，又是怎样千倍万倍的痛？我站在阳台哭得天昏地暗，那一刻我体验了什么叫“忏悔”。

哭过回到客厅坐下，无意间瞥见小腿的伤口，竟然开始干燥结痂了！我曾听许多人讲过，真心忏悔疗愈疾病的事，那么我也是遇见奇迹了吗？

写这一段，我又哭了。

再后来的一天，我在一瞬间决定要做素食菜谱。这一次立了志就没再忘记，转眼走过几年光景，我的世界只余下了素食。

年少时说过的理想，也许转身就忘了，因为那时还没有找到自己。

过好每一个当下，不论再忆起那些当下时，是喜悦还是忏悔，它们都在带着我走向真正的自己，找到此生真正要做的事情。

往后余生，我只想一直温柔。爱没有尽头。

给您做菜，是我爱这个世界的方式

年轻的李文亮医生走了。他未出生的孩子，此生见不着父亲了。

亲人们在痛哭。非亲非故的我们也在哭。我们哭着，来不及想到，是我们一起使劲，把他推去了天堂。

我们痛恨谴责着吃野味的人，来不及想到，如果我们都不吃海鲜，不吃鸡鸭鱼肉，那么蔬菜水果批发市场或素食馆里面，应该不会悄悄卖野味。

平时医院里病人就很多，普通流感季医院也被挤爆。流行性疾病发生时，患有慢性病或自愈力欠佳的人群，更容易中招和发展成重症。

我们说着心疼医生的话，来不及想到，如果我们平时都呵护天赐的自愈力，医院就不会那么挤，挂号就不会那么难。李文亮和他的同行们，也不会这么容易累倒。

这样的话，我一直一直在讲，可是看见听见的人，却那么那么少。看见听见的人，有多少做出了改变，我也不知道。但我知道，我会依然做着自己喜欢的事情。

曾写下一句话：“给您做菜，是我爱这个世界的方式。”给您做菜，不只是因为爱您，更因为爱这个世界。因为世界是一家，不可能分彼此。

我会一如既往地爱着您。

香芋糊茼蒿

有朋友说他们家乡喜欢用臭豆腐炒茼蒿，香出一里地。

食材

主角：茼蒿（约一斤），香芋（一个）。

客串：盐。

试过长条的蒿子杆儿（这儿称“皇帝菜”），口感有些脆，感觉不是这道菜最想要的。
香芋一定要口感粉粉的那种，如果蒸熟发现不是，就别做这个菜了，把茼蒿涮火锅，或者做粉蒸茼蒿[1]得了。

1. 粉蒸茼蒿，做法参考素愫的粉蒸菜系列如“土豆和红苋菜”。

看图，做美食

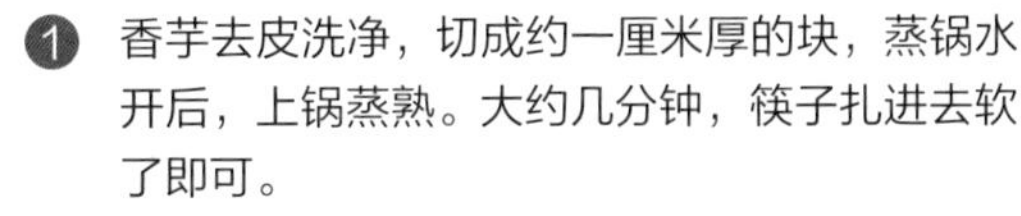

❶ 香芋去皮洗净，切成约一厘米厚的块，蒸锅水开后，上锅蒸熟。大约几分钟，筷子扎进去软了即可。

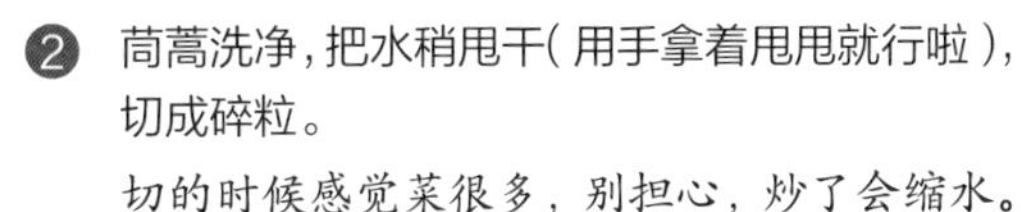

❷ 茼蒿洗净，把水稍甩干（用手拿着甩甩就行啦），切成碎粒。
切的时候感觉菜很多，别担心，炒了会缩水。

❸ 锅烧热后，不用放油，把切好的菜放进去翻炒。炒至缩水后，加入适量盐。

❹ 炒至菜基本熟，这时锅里会有一些菜汁，加入几块蒸熟的香芋。转小火，把香芋压碎，任它吸收菜汁。
香芋要趁热时加入，轻压即碎。我有次提前蒸好香芋，放凉了，结果费了牛劲也难压成粉，做出来也完全不是想要的味道。

❺ 视情况继续添加香芋、压碎、搅拌，直至水基本被吸干，关火。
香芋不需要压得很均匀，可以留些小块。稠度依自己喜好决定，芋头越多则越稠，我喜欢比照片中稍稀一点，略呈流质的状态，刮起一勺入口，热乎乎的，又软又香。
用不完的香芋，可以直接吃，或者做成糖粉香芋[2]，一下就弄好两个菜啦。

2. “糖粉香芋”与“土豆和红苋菜”的做法都详见《极简全蔬食》或微信公众号“素愫的厨房”。

小扁豆焖萝卜丝

前天，我们的聊天画面是这样的：

A 同学：我的红小扁豆到了！

B 同学：这么多好处，看上去真不错！

C 同学：超级好吃，煮汤、煮饭、做菜都百搭。

D 同学：搭配任何菌类都好吃！

E 同学：不用提前泡也好煮熟，做“一锅煮”时，食材不够我就抓把小扁豆来凑。

F 同学：突然觉得我很不容易。你们都是随意煮、随意吃、随意拍照，只有我，明明不是处女座，偏偏活成了处女座的 N 次方。认真煮、认真试、认真拍照、认真写段子、认真逮错别字……

好吃是件没有上限的事。

食材

主角：红小扁豆，红皮萝卜（或白萝卜），红辣椒。

红皮萝卜（生吃带辣味的）似乎比白萝卜味道更浓郁，脆甜的青皮萝卜不太适合。脆甜的红皮萝卜这儿没有，没试过（我把能试的都试了）。

两个这样大的萝卜，可以煮一大锅了。一个人吃用一个萝卜就够了。按自己吃辣的程度选择红辣椒，带点辣比较有风味。

看图，做美食

1. 红小扁豆用清水浸泡洗净。加少量水，没过豆即可，加少许盐，煮熟。少许盐能让红小扁豆变得更鲜美。

   泡半天或半小时都可以，没时间不泡也可以。未泡过的豆煮十来分钟也熟了，不要煮得过于软烂，一会儿还要和萝卜一起煮的。

2. 萝卜去皮，红辣椒去蒂和籽，都切成丝。锅烧热后倒入，加少许盐翻炒至缩水，中途可以盖上锅盖焖。

   若是新鲜好品质的萝卜，做到这一步时，就已经很美味了。

3. 加入红小扁豆和煮豆的汤一起煮，开小火将萝卜焖至自己喜欢的软硬口感。尝尝味道，看是否需要加盐。

   如果没有煮豆的汤，就加少量的水。

4. 焖至汤汁快收干即可。保留少许浓郁汤汁，极鲜美。喜欢黑椒可以磨些上去。

无油炒菜有套路

朋友说:“素愫，我该咋办呐，水炒菜吃到我怀疑人生……”宁可怀疑人生，都不曾怀疑低脂全蔬食。突然觉得我应该写点啥。

无油烹饪不等于水炒菜，蒸煮焖拌也能变幻出无穷美食。

若想要“炒”的味道，也未必一定要用水代替油，直接把油省去即可。“水炒菜”的味道似乎更接近“煮”，只是用少一点的水在煮。

许多食材都可以直接放锅里炒，新鲜蔬菜本身有水分，清洗过也会带着水，遇热会自然出水。

不需要什么有特异功能的锅，一般都不会粘，即使粘上少许，洗锅也容易。毕竟“粘”不是问题，“锅难洗”才是问题。

我有一把高压锅的盖子坏了，正好拿来炒菜。锅内是光滑的，洗也容易。有时也会用那口经常出镜的黑色汤锅当炒锅。用这两个锅炒菜，都比另一口铁炒锅不易粘锅，可能是锅口不那么敞，水分较不易蒸发。

有些铁锅炒菜时若不用油，过几天再用发现锅底会变干或生锈，可以在用完锅洗净后，放火上烧干水，再薄薄地刷上一层油烧一会儿，这个动作叫养锅。不锈钢炒锅应该就没有这个烦恼。

也有确实易粘又难洗掉的食材，或者不用油炒觉得不够好吃的食材，这时不妨用其他的无油烹饪方式。

烹饪是艺术，艺术就是不受限，有无限可能。不要总被困在“热锅、下油、下菜”的圈圈里了。

在炒的过程中，如果食材比较干，可以沿锅边洒入少许的清水、或当餐煮的素汤或米汤，蒸汽迅速升起融入菜中，不仅解决了锅变干的问题，还可令菜的口感更柔滑，增添风味。适当地盖上锅盖一会儿，也有助于蒸汽回落在锅内，产生汤汁。

有没有发现，许多蔬菜用油炒过后，想再煮软耗时甚久，大概是被油包裹后，水分难进去？所以想必也较难消化？表现突出的有豆角、花椰菜、苋菜、土豆等。

许多小朋友不喜欢硬邦邦的菜的口感，许多家长说“我娃不爱吃菜”。没有的事，娃只是不喜欢吃他觉得不好吃的菜。

最近，“素食寒凉”“水果寒凉”的话题，已经不热门了。但是又出了新的热门话题：“用什么代替？”

煎饼里的蛋用什么代替？馒头面包里的糖用什么代替？不喝牛奶了用什么代替？我不喜欢吃豆腐，用什么代替才能获得蛋白质？

做减法是不是让人很不甘心，所以非得找好替代品？

煎饼本来就没有蛋，有蛋的叫蛋饼。面粉本来就含糖，嚼一嚼就有天然甜味。比腥味牛奶好喝的健康饮品多得是。所有食物都有蛋白质，不论是牛吃的草，还是猴子吃的水果。豆类蛋白质含量高，可以玩着花样吃豆子。

今天有个妹子问：我特别不喜欢吃油，可以用坚果代替吗？

你就开心地啃坚果，但那不是为了代替谁。如果发现对方是渣男，还不赶紧走远点，非得先找个替代品么。

话这么糙，却把对面的妹子乐翻了。

菠菜爱玉米

从延期开学到现在，娃每天都需要在电脑上学习很长时间，保护眼睛成了重中之重。

刚测了视力，保持得还很好，除了每次用完电脑赶紧到阳台远眺，再就是低脂全蔬食和大量新鲜水果。

近来吃许多玉米、深绿色蔬菜和橙黄色果蔬，它们所含的叶黄素和玉米黄质都对眼睛有益。

不少朋友反映低脂全蔬食后，视力有明显改善。也包括我自己，每天电脑手机不离身，视力却比少年时代还好了。原本左眼模糊看到 4.9，右眼 5.0，这几年双眼都清晰看到 5.1。

有位朋友说孩子视力下降，已经把我教的护眼方法都做到了，包括每天做眼球转动等，只是没吃素，可是见不到什么效果。

没有做到的那一项，可能刚好是最关键的。比起吃什么，更关键的是不吃什么。

平时只吃几筷子菠菜的娃，能把两盘都吃光，还念念不忘。

食材

主角：菠菜、甜玉米。

看图，做美食

❶ 把玉米粒切下来，加少许水煮熟。嫩甜玉米，煮两三分钟就可以了。

可以将刀插进两排玉米之间的缝隙，先切下一排，后面的就好弄了。

❷ 菠菜洗净，折成两段，蒸锅水开后，直接放在蒸格上蒸熟（不用放在盘子里）。

蒸两分钟左右就熟了，中途可开盖翻动一下，避免熟得不均匀。也可以把菠菜放水里焯熟。

❸ 找一个深点的盘子，将蒸熟的菠菜放入。

❹ 将煮熟的玉米粒加少许汤汁，用大功率料理机搅拌成细腻浓稠的玉米汁，倒在菠菜上即可。

搅打玉米汁时，先不要放太多汤，玉米汁稠一些会更好吃。如果太稠了可以加水，太稀就不好补救了。

不用塑料袋

那一天，我决定做出改变，不再继续每天丢弃塑料袋，污染我自己的家园。重复使用购物工具，就这样简单。

提着菜篮子或环保购物袋，比提着一堆塑料袋优雅多了。为菜档老板省钱，颇受欢迎。菜市场一个小的摊档，每月买塑料袋的钱可能要数百上千元。再想想，仅一个菜档每月扔掉上千元塑料袋，有没有感到触目惊心？

颗粒食材如豆子、干果等，有水分的食材如豆腐等，可以自带合适的包装，比如饭盒、无纺布袋、棉布袋、平时买东西留下的网兜、有封口的塑料包装袋等。

我平时采购量大且品种多，毕竟，我是个厨子嘛！有时需用袋子分类装好，方便放进小拉车。这个也很简单，把旧的塑料袋重复使用就可以了！

旧的塑料袋，是以前买菜拿人家的，或者朋友送东西给我留下的。这些袋子清洗干净、晾干，可以重复使用。话说这些几百年不降解的东西，可以用上许多年。如果破损不能用了，就送去废品回收。

当然，旧塑料袋并不是必需的，可以用其他环保袋分装。

打破规矩：在超市购物。

超市需要将食物入袋称重贴标签，所以我使用塑料袋是迫不得已——这是我曾经的想法。

有一天突然明白：规矩是服务人的，不是束缚人的。我又一次决定改变。

走进超市，我提出用自己的袋子装东西，然而所有员工都茫然不知所措。我耐心解释：一为了环保，二可为超市省钱，三并不影响任何的操作。听着好像也无法拒绝，他们便尝试操作。其实，也没什么难的。

刚跟一批员工混熟了，又来了一位新的员工，我便又需要进行一轮解释。渐渐地，超市员工从最初的抗拒，变得接受与习惯，再后来对我表示赞许：“要是每个人都像你这样就好啦！”

已经打包好的食品，怎么买？超市要用一个专门的人，把蔬菜水果用塑料盒打包封好，真是浪费人力物力。但是超市也有苦衷，散放的蔬果，遇到一些爱挑拣的客人，翻个天翻地覆，损失惨重。

通常，这些我就不买，去附近其他地方买没有打包的。或者，我会跟超市的员工商量，把食材倒给我，包装盒留下重复使用，他们也很乐意。有时他们也会告诉我，箱子里有还没分装的，我可以自己去拿。

超市的价格标签贴哪儿？

刚开始，价格标签都贴在我自己的塑料袋上。但有时旧标签没有撕下，新标签也没盖住它，结账时会混乱。如果撕下旧标签，袋子又容易破。后来我们把标签贴在我的零钱包上，或者衣服袖子上。

如果我娃在，他会负责称重打标签，贴在自己的手指上。举着手去扫码结账，这个画面很有喜感。

去不熟悉的超市，会被拒绝吗？

早几年，确实有些阻力，但随着大众的环保意识日益增强，现在不论走到哪里提出要求，得到的多是支持和赞许。

有一次去武汉出差，在一间大型商厦的超市区，我想买些水果。但员工要求必须用超市的袋子装好，我只好放弃购买。出门时看到有意见箱，我就取笔纸认真留了言。

两周后接到商场打来的电话，交流之后，对方表示尽快处理。很快便再次来电告诉我：以后可以不使用超市的塑料袋购物。

后来再去武汉，我特意又去那里，试着买了两个火龙果。用手拿着去称重，员工很自然地给了我一张标签，收银台的员工很自然地结账，并没有觉得我有什么特别。

又一次想说，沟通，让世界更美好。

路遇美食或餐馆打包食物怎么办？

我娃知道，如果在外面要喝甘蔗汁、吃豆腐花，就必须自己带着水杯和碗。

能拧紧盖子的水杯，可以打包果汁等液体食物。带抽绳的棉布袋，可以装面包、锅盔等干粮。油饼、油条等可以用纸质食品袋装，当然这是很久以前的事了，我早已不喜欢一切带油的食物。

一个饭盒和小叉勺可以应对一切吃东西的场合。不论武汉的热干面、鼓浪屿的叶氏麻糍、路边新鲜剥的菠萝蜜、街头小店的小米粥，还是准备带上火车的杂粮包。

以上所列美食，部分并不是合格的低脂全蔬食，偶尔小情怀，有何不可呢？

这次放假，我一个人出门，却一路上都遇见家人。送一位刚结识的素友去坐机场大巴，路上买些食物，两人都拿出饭盒来装。彼此心照不宣，如此宁静美好。

断舍离后有奇迹

我刚将自己的东西扔去废品箱，一转眼被我娃捡回来藏在一个角落。

我说，记得《重返狼群》里的小狼格林么？

娃：李微漪给饿得奄奄一息的格林喂牛奶，格林吃了就吐，吐了又去舔地上的奶，舔进去又吐……原来他肚子里有很多便便，后来帮他排了便，就能顺利进食了。

原来你懂道理啊，那你咋还是舍不得扔东西？我说，你再不扔垃圾，我就把你扔出去。

正说着，朋友发来信息吐槽："讨厌混乱的生活状态，女儿一堆的玩具，我要逼着她扔东西，各种细细碎碎的卡片、小珠子之类的不肯丢，关键还撒满一地。"接着又说："其实我自己以前也是，收藏了好多糖果纸、陨石。"

我以前也是。各种几十年前的宝贝，收藏在某个角落。

某天突然开始断舍离。那时大家觉得认识我太好了，天天发福利，大到古筝吉他，小到图书玩具。

起因是，立志要做纯素健康菜谱。买了很多素食烹饪、料理摆盘、美食摄影的书研读，每天下厨、鼓捣相机，却总是无法正式开启创作，反倒是有一股强烈的清理屋子的欲望。

于是动手，一清就是六个月。很多珍藏了几十年，认为特有价值、特有纪念意义的宝贝，都很淡然地清走了。六个月后，身心通畅，像是接收了上天赐予的才华，创作灵感源源不绝。

说起这段奇葩往事，我的总结是：

当心里装了件大事，就能舍下其他小事了。

给您做菜，就是我心里的大事。民以食为天。

平菇胡辣汤

这菜看上去乱糟糟的。

就是要这个乱，所有食材融合出味道的极致。

就像一家人的团聚，小孩闹大人笑，热闹出幸福的极致。

平菇和红小扁豆各有其鲜，胡椒和香菜增添味道的粗犷，一道勾魂儿的菜。

食材

主角：平菇几簇、红小扁豆一碗、红辣椒、香菜（不吃可免）。

客串：盐、黑胡椒。

平菇炒了会大幅缩水，要多准备一点儿。依自己吃辣或不吃辣，选择不同的红辣椒。

看图，做美食

❶ 红小扁豆浸泡洗净，没时间浸泡也可直接煮，只需十来分钟就熟。煮时可加少量盐。

小扁豆不会胀大很多，加水没过豆一点就可以，煮熟后有少许汤为好。

❷ 红辣椒切成丝或粒，锅烧热后放入煸炒一小会儿，待锅再热后，加入撕成条的平菇炒至缩水后，加适量盐。

❸ 加入小扁豆和汤，如果汤不够，可适量加点水，尝尝味道，看是否需要加盐。

磨入较多的黑胡椒，使汤有较浓的胡椒味儿。用胡椒粉没有现磨的香。

❹ 煮开后加入切成小段的香菜，翻匀即关火，不要久煮。

香菜洗净并用干净的菜板和刀切，就可以加入即关火不用等待煮开。可以再磨一些黑胡椒，盛出。

炒三丝

越简单的菜，越容易讨自己喜欢，因为可以随心所欲地变化。

这道菜，可以吃清甜原味，不用任何调料。

可以只放少许盐。若喜欢鲜香点，加少许有机酱油。

喜欢黑胡椒，磨些进去，现磨才香。

喜欢味道浓郁厚重，加些酱料，比如有机豆瓣酱、有机味噌等。

喜欢辣，不用我说，你们多的是方法。

喜欢酸，可以加些陈醋或苹果醋。

喜欢软滑口感，可以勾芡。用凉水化开各种杂粮粉倒入即可。

藕粉和葛根粉也可以勾芡，听一位糖友说，葛根粉勾芡对血糖影响不大，这下做菜又多了一个花样了。

总之，自己要的味道，自己作主。

汤锅炒菜也可能是一种瘾，另一个原因是，我不想再买多的锅。

食材

主角：卷心菜（小半个）、胡萝卜（一个）、竹荪（一把）。

客串：盐或其他。

没有或不喜欢竹荪，可以省去，或者换一种新鲜蘑菇，或者别的什么。

看图，做美食

1. 卷心菜切成细丝；胡萝卜用擦丝器擦成细丝；竹荪泡发洗净后，切成细条。

如果没有超强的刀工，胡萝卜不要用刀切，不然切不细，难熟。

2. 锅烧热后，放入所有材料，炒至将熟。

放入菜后盖上盖子，过一小会儿见盖子孔冒气了，打开翻炒一下，沿锅边一圈倒入少量开水，再盖上盖子。少量的水迅速产生水蒸气，菜很快会熟。中途可以再翻炒和加少量水。水不要放多，多了就是煮菜了。当然，吃煮菜也没问题。

3. 菜快熟时，开始调味，如前页所述。

4. 我这碗加了少许盐和姜黄粉。

姜黄粉放一点点即可增添色彩，多了影响味道。姜黄粉有抗炎功效，但有胆囊疾病或相关禁忌的人不宜吃。要选择安全无污染的，比如有机姜黄粉。

璧山行

今天故事的主人公，名字里有一个“璧”字，我就称她为璧姑娘。

璧姑娘本是湖北天门人，她的父亲是文人才子，在家乡和另外六位朋友一起，创办了一所中学，这所学校现在还是当地的知名学校。

学校创立不久，抗日战争爆发，父亲投笔从戎，留下他年迈的父母和年轻的妻子，远赴重庆璧山参加抗日。

日军在我中华大地各处作恶，家中年轻的女子每次下地干活，都要先用锅底灰把脸抹黑，再包上破旧肮脏的头巾，扮成年老丑陋的妇人以保安全。然而一段时间后，这一招也不管用了。

璧姑娘的爷爷，因两个儿子都离家在外，为保护家中两位儿媳的安全，决定带着她们去璧山投靠小儿子，也就是璧姑娘的父亲。于是租了一头驴，公公牵着驴，两位儿媳骑着驴，从湖北天门出发，走向重庆璧山。

好在爷爷尚有些家底，能有盘缠支撑旅程。走了一阵后，毛驴也累了，只好两位媳妇轮流骑驴（一位骑驴时，另一位步行）。可怜两位姑娘，踩着三寸金莲的小脚，硬是从天门走到了璧山，走过大半年的山山水水，终于找到了依靠。

听到这一段故事时，我坐的出租车正经过一个很长的隧道，开车的师傅说，这个隧道有十几公里。难以想象，当年的璧山没有这些路，两个小脚的姑娘是怎样翻山越岭的?

想起我经常说的一句话：了不起的人生只需要两个因素——第一，你知道自己要去哪儿；第二，你有足够的时间走到目的地。

有的人时间很多，可是不知道要去哪儿。有的人知道要去哪儿，可是时间不够用了。所谓时间，就是健康。

母亲来到璧山后，生下了璧姑娘。不久，日军宣布投降。璧姑娘两岁多时，全家回到了家乡。

长大些后，母亲对她说："如果你将来有本事，就回璧山看看吧！"在母亲心里，回璧山难度如此之大，她怎会想到几十年后的今天，只要半天就能完成她当年大半年的旅程。

世界的变化，总是远远超出我们的想象。

璧山曾出过两位状元，要知中华科举一千三百年间，总共才五百多位状元。故有谚云："状元双及第，进士屡登科，此固地灵人杰之验也。"璧姑娘懂了，父亲给自己取名"璧"，是希望自己沾些璧山的灵气。

璧姑娘今年芳龄七十三，每天都乐呵得像个孩子，精神头比我还好，但我得管她叫妈。

煮三丝

有一天妈妈跟我说："突然好怀念小的时候，外面下着雪，我坐在被窝里，你外婆给我端一碗萝卜丝煮饭，那就感觉最幸福。"

我说："这还不简单，您现在进屋，把空调开到最低，坐在被窝里，我去给您煮萝卜丝饭。"

我妈乐了。

不过后来我发现这不行，白萝卜终归是冬天的菜，冷天的萝卜味道才好。

在你心里，是不是也藏着一道最幸福的菜呢？

淡淡的清甜，淡淡的喜悦。

食材

主角：白萝卜、金针菇、腐竹、生腰果（可选）。

客串：盐或其他（可选）。

看图，做美食

❶ 腐竹折断，清水泡软。

❷ 白萝卜去皮，用擦丝板擦成细丝。腐竹切成差不多长的细条。锅里水烧开后，一起放入煮软。

❸ 快熟时放入金针菇，煮开一会儿即可关火。

❹ 一小把腰果用清水浸泡半日洗净，加少量洁净能喝的水，用大功率料理机打成浓浆，倒入锅内搅匀即可。

可以吃清甜原味，也可以加些盐或有机赤味噌。磨些黑胡椒碎更能增添风味。还可以加入大白菜丝等一起煮。再加入煮熟的藜麦或面条等，这一餐就够啦。

红小扁豆紫菜汤

小扁豆有许多颜色，味道各不同。我说红小扁豆能吃出海鲜味，一众朋友表示同意。

@珠：红小扁豆是“赛海鲜”。

@休闲雨：红小扁豆特别好吃，我每天拿来炖汤，加入金针菇和胡萝卜炖久点，当底料，赛过海鲜。要知道海边长大的我，对海鲜是特别钟爱啊！

这位曾以为不可能放弃海鲜的朋友，已经尝试低脂全蔬食一段时间，自己和家人的健康状况都有了惊喜改善。

比方便面方便，比海鲜还鲜。

食材

主角：红小扁豆（一小碗）、紫菜（适量）。

客串：盐、姜（可选）。

看图，做美食

❶ 姜去皮拍扁，与红小扁豆一起放进锅，加水煮熟。一会儿要煮汤，水可以随意多放点。

有时间可以先浸泡豆，半天也好，半小时也行，没时间可以不泡。泡过的豆煮几分钟就熟了。

❷ 如水量不够，适量添加。加少许盐，煮开后加入紫菜，再煮开至紫菜散开即可。

紫菜如干净无沙，可以直接入锅，不然就要提前泡开清洗。优质紫菜味道更鲜美，可选择有机紫菜。

❸ 红小扁豆赛海鲜，紫菜本来就是海鲜，姜也能提鲜，在一起真的很鲜。

需要加黑胡椒什么的，就各自发挥。若没到饭点肚子饿了，就抓一把豆子，揪一块紫菜，煮上一碗，好吃又方便。

饿了四年肚子的她，终于懂得喂饱自己

今天故事的女主角叫芒果。除了吐槽自己的婆婆，芒果是个很正能量，相处起来很舒服的女孩。

四年前，芒果因父亲患病的机缘开始吃素，也开始了她“在家经常饿肚子”的戏剧故事。她说，家里晚餐由婆婆一手安排，婆婆不喜欢旁人插手。婆婆四十岁下岗后，没有出去工作，或许，为全家做晚餐是婆婆唯一能体现自己价值的地方。

家里人都不了解素食，自己又不方便下厨，白米饭和几根青菜便是芒果的日常晚餐。担心自己下厨会挑战婆婆的权威，芒果选择在家里隐忍，忍无可忍时就在我这里狂吐槽。

吃不饱肚子的晚餐；永远堆满杂物的餐桌；冰箱里年代久远的过期食物；买给女儿的各种垃圾零食；还有变馊了的隔夜粥。芒果说：“更奇葩的是，我先生明知粥已变味，居然一声不吭地吃光了……”

“在你那里，我吃顿水果餐也很舒服。一回到家，我就负能量爆炸。饿、低血糖，控制不住地吃各种垃圾食品。”这是芒果的日常状态。日子过成了一出充满狗血剧情的连续剧。

吐槽以外的时间，芒果默默用自己的方式呵护着全家人。早上做不同的果蔬昔、五谷糊，家人渐渐接受尝试；趁公公婆婆外出旅游时，悄悄清理房间和冰箱；生日宴会精心在素食馆预订菜单，保证能让全家人都吃得满意；哄先生去糖尿病逆转营学习，期望能帮助婆婆控制血糖，不要打胰岛素。

不需要被理解，不需要被认同，即便被视为另类，依然默默地爱着你。

心中有爱的人，生活终将是一出喜剧，任凭开头跌宕起伏，剧情终有转折之时。

最近一次她吐槽说，婆婆把每盘菜都混了肉一起炒，想吃一口纯素菜都不容易了。还有，刚刚扔掉了冰箱里一块变绿发臭的猪肉。她说：“好可怕，我得跟公公说，以后别叫我女儿吃肉了，因为不知道哪一块肉是变质的。”

事实上，这已不是我第一次听到她说，冰箱里有变臭了的肉。

我说：如果有人给你女儿嘴里喂黄曲霉素，你会用三五年时间耐心好言相劝吗？

她说：不需要三五年，当场就收拾他。

那晚，我们深聊了许多。我问：一个人为何在自己家里吃不饱？

芒果沉默片刻说，关键还是顾及婆婆的感受，这么多年来，我们整个家庭，甚至整个家族都在迁就她。

我说：你很顾虑他人的感受，而没有照顾自己的感受。

芒果：是的。但我现在明白了，有时候太顾虑他人感受，并不会带来什么好的改变，尤其是对于自己很在乎的人。

我：溺爱是伤害。还有，我们真的了解对方的感受吗？“我下厨会让婆婆感觉被挑战了权威”，这只是你自己的观点，不一定是事实。

芒果：是的。我见到我公公疼爱妻子，我先生孝顺妈妈，总担心在大家还未接受素食时，我单独给自己做吃的，让家人感觉不好。

我：我们都认为，迁就她就是对她好。而对家人好，也符合我们的道德标准。

芒果：道德绑架……

我：绑架我们的，往往是我们自己。

芒果：如果自己的做法是正确的，坚持自己就是为大家好，时间会证明。或者，根本不需要证明。

我：纯素有益健康，需要证明。你今晚想吃纯素，不需要证明。

芒果：是我想多了，从此以后就去做，不想了。

我：本台将对此进行跟踪报道。

这世界的真相是，一旦我们决定做出改变，周围的一切便开始配合我们的决定。

最近，一向不愿运动，连下楼散步都要靠哄的婆婆，竟然依芒果的安排，带着孙女一起去参加国学夏令营。每天上课、打太极、吃素菜，也很开心。芒果负责家里的一日三餐，自己、先生、公公都吃得很满意。

原来，当我们照顾好自己的感受，就不需要抱怨别人了。

若不爱自己，何以爱他人

M 同学多年前就倾心素食。接父母过来同住时，家人一时不接受素食，他不忍心见爹妈把肉送进嘴里，就自己抢着把桌上的鱼虾肉蛋都吃掉。吃到身体各种受罪。

他天天苦口婆心劝爹妈吃素，爹妈却烦儿子阻碍自己享福。后来看了芒果饿了四年肚子的故事，他说，我不管他们了，我只管自己。

每天吃着无油的果蔬豆谷，他说，感觉终于得到了自己想要的生活。刷碗轻松，身体舒服，脑子好使。吃肉时容易累、容易吵架，现在尽想说好听的话。自己说话好听，家里人高兴，客户也高兴，更容易赚钱。敢情这叫“全素钱进”？

然后有一天，老爹感觉头晕手麻脚踩棉花。这时 M 同学就说：“从今天，这顿开始，您必须严控饮食了。

“不然，您要是脑血栓了，媳妇要照顾俩孩子，我要工作，只能我妈伺候您。您平时总跟我妈吵架，她的脾气您是知道的，那时候您想骂，嘴不好使。她骂您，把以前的怨气都撒出来，您也只能憋着。

“您嘴也嚼不了东西，只能给您把蔬菜水果榨汁灌进去，爱不爱喝都得喝。做艾灸您嫌烫嫌呛，也得从头到脚地烫着呛着。您平时最怕孙子走丢，到那时媳妇一个人带俩娃，她一个女孩子，要是来个面包车，人家一把抢走一个，五秒钟就跑远了，她追哪个?

“您要是再生气、再吃肉，继续下去，这些后果就来了。路怎么走，您自己选吧！”说完，倔强的老爷子当场决定吃素，而且大比例生食。

看到 M 同学这行云流水一气呵成的话，我笑得停不下来。修身、齐家、治国、平天下，首先是要管好自己。若不爱自己，何以爱他人。

我只管简单去爱，宇宙自有最好安排。

红小扁豆焖菜花

红小扁豆可以说是我最爱的豆子了。

容易熟，不易胀气，脂肪含量低，抗氧化能力优秀，唯一美中不足的是，需要网购。但买的人多了，应该在菜市场就能常见到了。

怎么做都好吃。随意搭配各种饭、菜、汤，甚至单独煮一锅当饭吃都行。

清淡的花椰菜，也变得浓郁起来。

食材

主角：红小扁豆、菜花（花菜、花椰菜）、红椒、香菇（可选）。

客串：盐。

看图，做美食

❶ 红小扁豆用清水泡1–2小时，倒去水后放入锅内，加适量水煮开。

可以一次多泡些，沥干水放在冰箱急冻保存。来不及泡直接煮也可以，只是需要煮久一点。水不需要放很多，这道菜做好后是基本焖干的状态。中途若水不够还可加开水。

❷ 煮数分钟，至小扁豆半熟时，将切成碎粒的菜花和香菇放进去一起煮。

❸ 煮至菜花和豆都熟时，加入切碎的红辣椒煮开，加适量盐调味即可。

少量盐可激发出红小扁豆特别的鲜味。为了好看，我还加了些切碎的西兰花。

苦瓜南瓜和紫苏

第一次做出这道菜时，甚为喜欢。可是拍好照后再尝味道，又觉得似乎不甚满意，纠结了许久。

其实拍照时，因不能专注于烹饪当中，出来的味道，有时便离它本身要差了一些。最终决定凭着感觉，留下这道菜。没想到受到许多朋友的特别青睐！

有朋友说，太好吃了，容易模仿，回味如此甜蜜，吃一口，幸福一口，一直吃一直幸福！

有朋友说，买不到紫苏，不加紫苏也超出想象地好吃。用了贝贝南瓜，中和了苦瓜的苦，连家里先生都大赞。

有朋友说，冒着风雨跑了两间菜市场都未见紫苏，差点就放弃，但终于寻到并坚持做出来，没想到真的是好吃！真的是苦大于甜，吃出了人生先苦后甜的幸福！不尝试永远不知道尝试后的成就感有多棒！

闻着紫苏的香，竟有恋爱般的心情。

食材

主角：苦瓜、南瓜、紫苏。

客串：盐。

每个菜档都摆着好几款不同品种的苦瓜。选这一款，只因为这是小时候初识苦瓜的样子。

看图，做美食

❶ 将苦瓜纵向对半切开，去籽，切成尽量薄的片儿。

如果不喜它太苦，放入开水里焯一下捞出。若喜欢这苦味，则省去此步。我们既爱苦瓜，又要去除它的苦，这是为什么呢。

❷ 焯过水的苦瓜用少许盐拌匀放在盘里。切成片的南瓜放在苦瓜上面，撒少许盐。蒸锅里水开后放入，蒸至南瓜熟软，几分钟即可。

如果需要南瓜更多些，可以再单独装一盘南瓜，放入双层蒸锅同时蒸熟。

❸ 蒸好的苦瓜与南瓜放入锅，将南瓜随意压成泥，开火，加入适量切碎的紫苏叶，烩匀。尝尝味道是否还需添盐。

蒸南瓜的汤汁也可倒入一起烩。如汤不够，锅太干，可加少许清水。紫苏的用量，视自己喜好来定。三种个性鲜明的味道，在一起也能融洽。

饿了四年肚子，如今素宝宝和她一起实力代言

像芒果这样，家里只有自己一个人吃素，生存已经不易。如再遇到怀孕、坐月子、哺乳、办宝宝喜宴等，想坚持纯素，就难上加难。

然而其实，一点也不难。只要开始爱自己，全世界都会来爱我。

一、下奶秘诀：低脂全蔬食

芒果的宝宝百日宴上，宝爸致开场词时说："我太太吃素四年多，怀宝宝和坐月子、喂奶期间都是科学合理食素。现在是纯母乳喂宝宝，奶水多到BangBang声。"（BangBang声：广东话，指多得不得了）。

现场响起一片惊讶赞叹声。

月子里的饮食没有什么特别，和平时一样低脂全蔬食，果蔬豆谷，有饭有汤，无油少盐。

芒果说：感觉喝水、吃水果、吃粗茶淡饭，都是下奶的。汤通常是一锅无油乱炖，简单省事。

芒果发来一些菜的照片，说不好意思，照片拍得太丑了。我说，这才是粗茶淡饭的真实写照。

很多朋友来取经，说不吃肉也够母乳，觉得不可思议。其实，肉蛋奶会导致发炎，甚至堵奶。草原上的奶牛不都是吃草的吗？

朋友有了信心，照菜谱做了一锅多彩小米粥[1]，当晚半夜胀奶，觉得太神了。

其实，我们以为神奇的，都是本来应有的样子。

1. 多彩小米粥，做法详见《极简全蔬食》或微信公众号"素愫的厨房"。

二、素宝宝实力代言

宝宝一个月时，体重长了三斤。奶奶笑得乐开了花："不吃肉也重三斤呀。"有这个实力，家里没人反对母子素食。

芒果说，多亏了低脂全蔬食的饭菜简单易做，忙不过来时啃个水果也行。

从出生到现在，母子各项体检指标都好，我记不得那么多，反正芒果经常跟我发信息，汇报宝宝惹护士惊讶称奇的事儿。

素妈妈自己身体恢复也很快，没有太多产妇常见的困扰，没做什么特别护理，少有的一点点不舒服也很快消失了。

宝宝三个月时，体重十五斤，而姐姐当年是六个月时才长到十五斤，那是芒果吃素以前。

宝宝安乐好带，很爱笑，用大伙的话说，简直就是一个表情包。

三、当你爱自己，你就是女王

这个月初，宝宝百日宴在一间江景素食馆举办。宝宝的爷爷奶奶虽然不是素食者，但都一致支持办素宴。没有酒肉和喧闹，只有恬静的音乐伴着精美的纯素自助餐款待宾客。

送给宾客的伴手礼不是糖果盒或红壳蛋，而是印有果蔬豆谷的环保袋、有作者签名和祝福语的《极简全蔬食》。美食菜谱书寓意"丰衣足食"，环保袋寓意"代代平安"，客人们收到礼物都很喜欢。

芒果抱着宝宝走来走去招呼宾客，见她白上衣红裙子的身影，飘逸似少女。

百日宴后，经常有朋友来向芒果讨教怎样吃素，聊天画风给我的感觉是，芒果你说的都是对的，你说啥就是啥。

想起从前，芒果曾是个在自己家里吃不饱饭的郁闷小媳妇。在她开始爱自己后，世界都不同了。

宝爸的深情开场词中，满满都是对太太的赞誉。感觉就像，她是他的女王。

明心冬瓜汤

明心见性，方识真滋味。

食材

主角：冬瓜、番茄、裙带菜（可选）。

客串：盐或味噌。

盐和味噌都能提供咸味，盐只有咸，味噌还有酱香。味噌有多种，我较喜欢赤味噌，购买时注意看清不含动物成分。

看图，做美食

1. 冬瓜去皮，切成薄薄的片。

   一片冬瓜的厚薄要均匀，不要靠皮那边厚，靠中间那边薄。这个菜就靠这点儿细节，做出有“明心”感的冬瓜汤。

   冬瓜皮也是可以煮汤吃的，有清热功效，放在这里不太协调，我就不用了。可以参考冬瓜薏米茶树菇汤[1]。

2. 锅里烧开适量水，加入切成片的番茄，加少许盐（可省），煮成番茄浆。

   可以用压泥器压一压，质量好的番茄也更易煮出浓郁的浆。

3. 加入冬瓜片煮软。

   切成薄片的冬瓜，很易煮出透明感。

4. 加入已泡发好的裙带菜（只需数分钟即可泡好）。裙带菜可以生吃，不用煮也可，或者煮沸即关火。若不喜欢吃裙带菜，可以省去。

5. 加入一小勺味噌，融化搅匀，调整至理想的咸度即可。

1. 冬瓜薏米茶树菇汤，详见《极简全蔬食》或微信公众号“素愫的厨房”。

豆浆丝瓜汤

白色系蘑菇有许多，图中是白玉菇，还有秀珍菇、平菇、杏鲍菇等也是我喜欢的。

丝瓜在广东有两个品种。一种是有棱的，本地称丝瓜或胜瓜。一种是光面的，本地称水瓜。喜欢用哪种都可以。

豆浆淡淡的甜，丝瓜淡淡的甜，蘑菇淡淡的点缀，清爽宁静。

食材

主角：黄豆（一小碟）、丝瓜（一根）、白色系蘑菇（适量）。

客串：盐（可选）。

看图，做美食

❶ 黄豆泡胀（半日或一晚），倒掉水清洗。用有机黄豆为佳。

❷ 加水用大功率料理机（破壁机）打成细腻的豆浆，倒入锅内煮开，舀去浮沫。

豆浆的浓度，就是适合喝着豆浆啃大饼的那样，或者稍稀一点。如果机器给力，打的时间足够，可以不用过滤，不然的话，为了口感可能需要滤渣。

我是将生豆打成浆再煮，若先煮熟豆子再打浆、或有些机器是边打边煮熟，可能也差不多。

煮豆浆最好用深一点的锅，煮时要在锅边守着，以免溢出。我是为了方便拍摄，才用这款砂锅。

❸ 丝瓜去皮切成滚刀块，放入豆浆中，加适量盐煮一两分钟。

带棱丝瓜可刨去棱，光面的丝瓜则用刀刮去皮，尽量保留皮下绿色部分。若喜欢吃原味儿，也可以不放盐。

❹ 加入蘑菇煮熟即可。

有些蘑菇煮一两分钟即可，若是不太易熟的菇，则要早些放入煮，比如杏鲍菇，可能要在放丝瓜之前先煮，因为丝瓜也不需久煮。

可以磨些白胡椒增添风味。黑胡椒会带来另一种风味，都要现磨才有味儿。

林黛玉和女汉子

朋友说，不知为何最近感觉气血不足、头晕。明明吃的跟以前一样，睡眠也很好。我说，最近你婆婆开始听你话了吧。

朋友：好像是哦！不仅我婆婆，还有我先生，我提的健康饮食建议，他们都开始照做了。

向来受气的小媳妇，好像终于开始活出新天地。这明明是好事，跟头晕有什么关系？

据说缺爱的孩子容易生病，其实过度被爱也是一样。我对朋友说的只是调侃，反正过几天她的头晕肯定好了，但这个道理却是有的。

有个年轻女孩，男朋友很宠爱她。每次她有点生病不舒服，男朋友都赶过来呵护备至。

然而这个女孩经常生病，直到有个医生说，她这是索爱带来的身体反应。

因为生了病可以得到更多的爱，所以身体就经常创造这种可以得到更多爱的机会。

“爱”这个东西，就跟美食一样，明明吃饱了，却因为太好吃而停不下来，还想要更多。尤其对于曾经很缺爱的人，一不留神就会进入无意识“索爱”的状态。

想起朋友小文在上大学时，只要他一有感冒生病，我就会特别关心他。小时候的一场重病之后，他的身体一直不是很强壮。当然，每次生病，他都会告诉我。

有一天我突然意识到，我在制造“索爱病”的机会，赶紧做了调整。本来很想问“感冒好些了吗？”我改成若无其事地说：“下午在干吗呢？”他回答说：“在打篮球。”于是我知道他已经没事了。

我还时不时有意无意地表达出，身体健壮也是我欣赏的一种魅力。有一天他跟我说，计划开始锻炼身体，每天坚持跑步。我说，那太好了。

后来，我们的聊天话题很少涉及生病了。再见到他时，感觉他比从前更多了阳刚之气。

看来过度关爱不是最好的爱，反而容易造成紧张气氛，影响周围人的健康。比如有些小朋友脾胃不好，跟家里的气氛有很大关系。

一到餐桌上，宝宝就被爸爸妈妈爷爷奶奶高度关注。宝宝要多吃这个，补充蛋白质；宝宝要多吃那个，不然会缺维生素。搞得宝宝都不能自然轻松地吃饭了！长期这么紧张下去，可能就脾胃不好了。

见过一对医生夫妇，他们严格按照营养学的标准，每餐给孩子的食物都是按比例、用秤称好重量来搭配的。可是孩子胃口一点也不好，瘦得皮包骨。带去找一个老医生看，医生说，你俩不要管，送回老家农村去。

虽然是心疼不舍，夫妻俩还是听医生的建议将孩子送回了老家。爷爷奶奶也不懂什么营养，家里有啥吃啥。过了一个月回去看孩子，惊喜地发现孩子明显长壮实了，吃嘛嘛香。

吃饭这个事，应该是再简单不过的。搞复杂了，想太多了，容易伤脾胃。

上次陪爸妈出去旅游时，同团的有一对恩爱的老夫妻，阿姨身体比较弱，她的先生一路都扶着她走，细心呵护，看得人好生羡慕。

不过聊起今天这个话题时，又觉得这些年没人宠爱练就的女汉子，还是比被呵护的林黛玉要幸福。

毕竟，有能力照顾别人，比起需要被别人照顾，要自在得多。

霸王花芸豆汤

罗汉果清热利咽。有一次在北京时，上火咽喉不舒服，想买个罗汉果泡水喝，未料在广东、广西随处可见的东西，在北京硬是难找。

最后在同仁堂买到一个，十五元。横看竖看，觉得跟我买的一块钱的，没有区别。

过去的事不多提了。自从吃低脂全蔬食，也很少有咽喉不舒服的情况，需要泡罗汉果喝了。

特别喜欢霸王花煮软后，软软滑滑的感觉。

食材

主角：霸王花（剑花）、紫花芸豆（或花芸豆、红芸豆等），罗汉果（或无花果干）。

客串：盐。

如果不喜欢罗汉果的味道，或者买不到，就用无花果干，应该大家都喜欢的。

看图，做美食

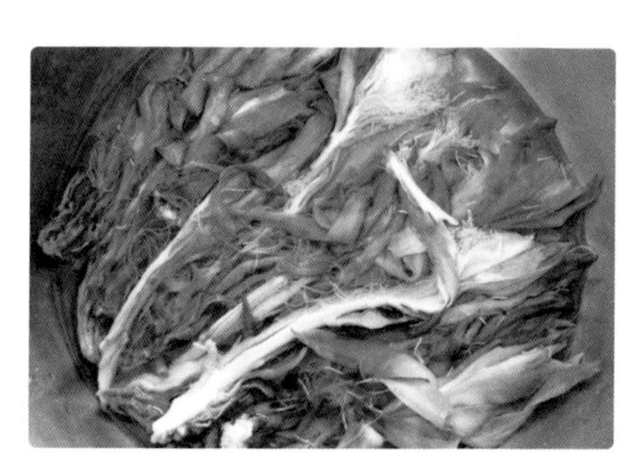

❶ 豆子泡胀（约半天）后，倒去水清洗；

可多泡些后沥干水，放于冰箱冷冻层，吃时取出直接煮，既省时又容易煮烂。

❷ 霸王花用水泡发，约需一两小时。根部如有硬的可剪去。

❸ 把泡好的豆子、霸王花、两三颗切开的无花果干，加适量水，一起放入电压力锅，开启煮汤键。

我用的罗汉果，故此步没有放无花果干。

❹ 汤煮好开锅后，加少许盐和一小块罗汉果，焖几分钟至罗汉果出味即可。

罗汉果若放得太多，或焖（煮）太久，味道会很浓，视个人喜好，我觉得淡淡的就好了。

天这么热，别着凉

今年的酷暑来得很早，这几天都是三十五度。天热了，特别要小心别着凉，尤其是吃和穿这两方面。

每到夏天，我都会收到许多朋友关于身体不适的求助。

朋友：中午在餐馆吃火锅，回来两个孩子一直喊肚子疼，现在晚餐都不吃，是不是食物中毒了？

我：你也吃了，那你咋好好的？

我询问孩子，果然，两个孩子都在吃火锅时喝了冰冻果汁。教朋友给孩子后背对应肚子处刮痧，刮完孩子说肚子不疼了，也恢复了些胃口。

从小妈妈就叮咛我们，天热刚从外面回来时，不要马上喝凉水，吃冰镇西瓜。本来我们正张开毛孔往外散着热，猛地一遇凉，身体自动反应关闭毛孔，内热散不掉，怎会不难受？

有一年学校组织野外实习，刚到目的地，天很热，我上街买了瓶冰冻汽水，一口下去，当场喉咙疼，然后就重感冒了。同学们实习了一周，而我病了一周。

从此，我再没犯过类似的错误。

能吸取教训，疾病就是上天的礼物；否则，总犯同样的错误，疾病就是惩罚。这些智慧我们老祖宗早就有了。

有故事说，一书生大热天赶路，路遇一人家讨水喝。大娘舀出一瓢水，却在上面撒了一把麦麸，书生口渴心急，只能一边吹开麦麸一边喝，心中甚是不悦。

其实，大娘正是知道他会心急狂饮，才用这方法让他慢慢喝下。

前几年有一则新闻，一哥们儿聚餐喝酒时喝了一瓶冰冻矿泉水，当场胃出血要送医，于是状告矿泉水公司。那瓶水被检出细菌超标，赔了不少钱。

话说细菌要超标的话，应不仅是那一瓶吧，怎么就它惹祸了呢？吃香喝辣又狂饮冰水，这是淬火吗，我们的胃不是钢铁啊！

就算肠胃结实经得起淬火，平日总有人担心蔬果寒凉，其实这些冰冷的东西才是真的寒凉。

春夏养阳，正是要守护阳气的时候，不可吃喝冰冻之物，在穿着上也要小心着凉。

一次在火车餐车里，人很多，列车员要求一个没有吃饭的女孩让位子。女孩脸色很差，捂着肚子根本站不起来。我上前询问，原来女孩是痛经得厉害。

女孩穿着短裤，大半截腿裸露在车厢强劲的冷气之中。我说你快去换条长裤吧，就不会这么疼了。女孩说，没有带长裤……

家有女儿的父母们，一定要教会女孩子这些最基本的生活常识。

热天里我在家穿裙子，外出就穿长裤。如果一定需要穿裙子，就加一双较厚的半长筒丝袜。因为车上、室内都有空调，身体受了寒，各种长痛短痛迟早会找上门。

现在很多女孩抱怨自己体寒，水果都不敢吃，但是看看她们的穿着，我觉得她们实在是找错了原因。

有一次参加一个高端学习课程，除了我以外，所有的女士都穿着典雅的裙子和高跟鞋，只有我穿着长裤和运动鞋。但是半天课程之后，大家都去换长裤了。穿着舒适，才能有更好的效率。

最长久的美丽来自健康的身体、自信的能量和爱着世界的心。服装只是锦上添花的配角。

谁说长裤就一定没有裙子好看呢？我喜欢亚麻或棉麻质地的长裤，既凉爽又保暖，轻便还环保。

最后想问一句，天这么热，女孩儿们露肩露背露肚露腿，胸前却裹得厚厚的，这种坚持穿着文胸的意志力来自哪儿呢？

红烧冬瓜

今天的菜是对我爸最爱的煎冬瓜的升级，使之符合：一，无油；二，快熟。当然味道也要更上一层楼。

我还能记得小时候做煎冬瓜，最不喜欢守在锅边等煮熟，感觉时光好漫长。

我不是没耐心的人，只不过我的耐心都给了最爱。

冬瓜和豆腐一样，本身清淡，因擅长吸收周围的鲜味，最终成就了自己惊艳的味道。

食材

主角：冬瓜、鲜香菇、红辣椒。

客串：盐、有机酱油、杂粮粉。

红辣椒，依自己对辣的需求选择品种。太辣刺激肠胃，微微少许就好。

杂粮粉，就是除了精制白米白面以外的面粉类，能增加汤的稠度就可以。

看图，做美食

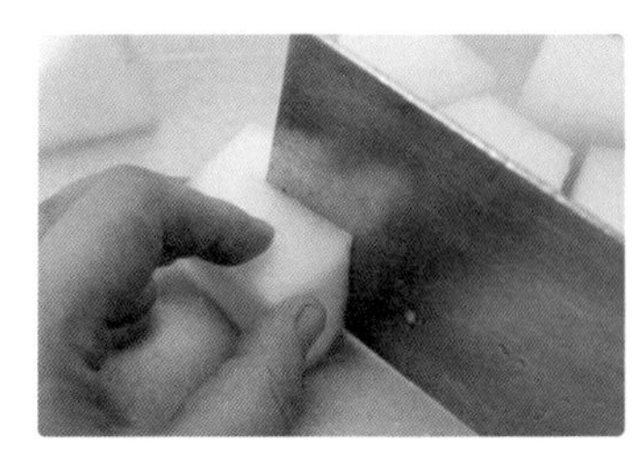

1. 冬瓜去皮和瓤，切成方块。在每个小方块靠皮的那边，切出格子花纹。

   花纹深度约占方块的2/3。太浅不易熟和入味，太深冬瓜易散落。

2. 在蒸锅放入开水，将冬瓜块放在蒸格上蒸熟。约需两三分钟。

   用筷子扎一扎软了即可，不要蒸太久，以免冬瓜散落不成形。不需要放在盘子里，那样蒸熟要花较长的时间。

3. 蒸冬瓜的时候，将锅烧热，放入提前切好的香菇和红椒粒，加少许盐炒至菇开始缩水。

   菇遇热会出水，一般不用担心粘锅。如果食材水分较少，可以在炒的时候，沿锅边洒少许的水。

4. 加入少许有机酱油炒匀，再加入适量开水。

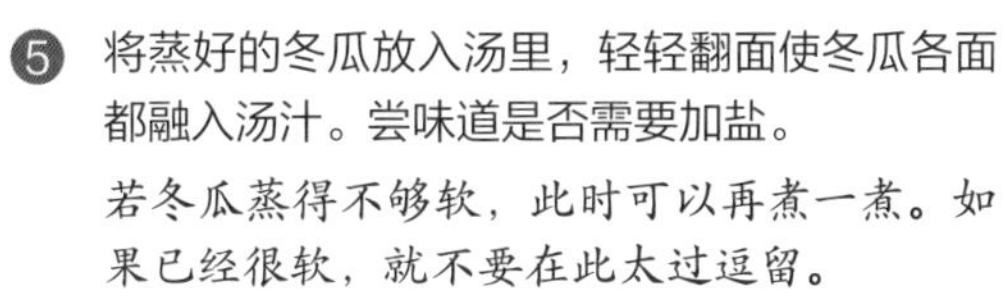

5. 将蒸好的冬瓜放入汤里，轻轻翻面使冬瓜各面都融入汤汁。尝味道是否需要加盐。

   若冬瓜蒸得不够软，此时可以再煮一煮。如果已经很软，就不要在此太过逗留。

6. 出锅前加入几勺杂粮粉搅匀，汤汁变得浓稠起来。若喜欢酸味，可以加些陈醋。

   冰箱里只有高粱粉，倒了些进去，效果惊喜，色泽味道都很融洽。没试过其他粉，你们试了可以告诉我。如果有些粉直接入汤会成团，就先用少量冷水化开，再倒入锅。

清蒸娃娃菜

蒸，在烹饪中是很具能量的一种方式。

同样的食材，蒸往往比煮更容易熟，而且容易熟透，所花的时间少，食材也更鲜嫩些。

蒸的方法有许多种，土豆红薯等直接放在蒸格上蒸，比放在盘中会熟得快。一些会出汁的食材适合放在盘中蒸，以保留汤汁。

将有鲜味的菌菇放在蔬菜上面，蒸出汁后，整盘菜都会变得鲜美。

简而鲜的小菜，我想你会喜欢。

食材

主角：娃娃菜、杏鲍菇、茶树菇（可选）、姜（可选）。

客串：盐。

买杏鲍菇时见到茶树菇，就一起买了，可以丰富口感。

看图，做美食

❶ 将娃娃菜几片叠起，斜切成细丝儿，找一个尽量大的盘子，将菜平铺进去，用手捻一些盐在面上。

菜熟会缩水，盐不要放多。可以切些嫩姜丝放在菜里，会增添汤汁的鲜味。娃娃菜可以铺满盘子，后面的食材堆高无妨。

❷ 将杏鲍菇切成梳齿状的片，铺在菜上面，捻少许盐上去。

先将菇纵向剖成两半，再在菇身上纵向切几条线，不要切到底，再横向切成片就成了梳齿状。

❸ 茶树菇剪去根部黑色，切成适当的长度，放在最上面。蒸锅水烧开后，放入蒸熟，约需七八分钟。

有些朋友对有些菇的味道有些敏感，焯水可以减弱这些味道。但杏鲍菇不要焯水，以尽量保持鲜味。

❹ 汤汁也很鲜。这道菜凉了就不鲜了，要趁热吃。

可以放些枸杞作装饰，我放了些红椒碎，若不是为拍照，肯定就省下这功夫了。

有些事儿，你可能误会了我

比如起床。

有一阵子，每天早上打开微信，都会收到好多“早安”的问候，都是五点起床的朋友来打招呼。

若不回复，似乎无礼。若回复，毕竟我早起不是为了多聊会儿天。

清晨时光珍贵，最好的“早安”，就是各自安好，各自做自己喜欢的事。你喜静坐，他爱读书，我们都不会错过晨曦。

还有朋友问各种问题：起不来咋办？起来了犯困咋办？起来不知道做啥咋办？我这里有时差咋办？

我……我也不知道啊！我以为我只是起个床而已。想起有些朋友，有时分享些好消息给我，总会在后面叮咛一句：“你忙，不用回复。”每当此时，总是心头一暖。

比如退群。

前些天，我退出了同学群。是很珍惜一辈子不相忘的那种同学。有关系甚好的同学想拉我回去，也有同学开导我说，心平气和才有利健康。

群，就像一个房间，如果房间里聊的都是我没兴趣的话题，我当然可以离开，因为时间就是生命。如果房间里有人抽烟打牌令我呼吸不畅，我知道改变别人是不太可能的，静静离开是让彼此舒服的方式。

退群，不是生气，也不是不爱。在没有群以前，我们已经相亲相爱多年了。

很少有人能惹我生气了，如果有，那一定是我特别特别在乎的人，偶尔生点气，去领悟和达到相处的更佳境界。

比如微信语音。

我总是执着地认为，微信语音功能是专为恋爱中的人设计的。

六十秒的语音内容，我只需数秒即可阅读。对于每天要高效处理无数事宜的我，收到一连串数十秒的语音，是很吓人的。好不容易听到一半，若被打断，又要从头听起。若是想回看其中细节，也不知去哪里找。

我会告诉不喜欢打字的朋友，微信自带有语音输入功能。或者下载讯飞输入法，识别率很高，还能翻译成多国外语。有好朋友偶尔任性，不听劝阻发大段语音，我就任性回复：我没有听。

哈哈。

除了我妈和我娃老师，其他朋友的语音信息常常会被放在后面处理，等方便时再听。不过等来等去，也可能就忘掉了……

当然，若是我喜欢的那个人，就不一样了。随便他说什么废话，我听来都是天籁之音，多少条语音都觉得听不够。

误会，是一种美丽的存在，它令世界更多姿多彩。

莎士比亚说，一千个读者，就有一千个哈姆雷特。同一样事物，你我的理解皆不相同。

愫小仙儿说，一千个厨子，就有一千种味道。同一个菜谱，有人吃出了恋爱般的幸福，有人吃出了释放委屈后的舒畅。

你说你做了一道愫小仙儿的菜，其实你做的都是你自己的菜。就这样，在交织的美丽误会中，我们相伴前行。

豆笋焖萝卜

朋友送了些豆笋给我，我吃一口就爱上了。心里说，中国有这么丰富美味的豆制品，哪里需要人造肉呀。

近来新型人造肉越来越受关注，说明越来越多人为了环保，在食物的选择上做出改变。

若是谈及美味，总觉得“代替”不是最好的方法。心里想着旧的，总期望有一个别的能尽量相似，以便代替，这无形中牵绊了我们的脚步。

不如放下旧的记忆，去尝试接纳全新的。毕竟，想要的并不是完全一样的味道，而是那份味道带来的幸福与满足。

等着我们的，将是许多意想不到的惊喜。

豆笋，中国人的美食智慧。

食材

主角：黑豆笋、白萝卜。

客串：盐。

豆笋有黑豆、黄豆，味道有所不同。今天的菜我觉得似乎用黑豆笋更佳。

看图，做美食

❶ 豆笋折断，以清水泡软。

可能豆笋干湿不同，浸泡所需时间也会不同，约1–2小时。

❷ 将豆笋切成适合的长度，连同泡豆笋的水放入电压力锅。

❸ 白萝卜去皮，切成差不多长的厚块，放在豆笋上面。一截萝卜可切4–6块。

豆笋较萝卜不易熟，放在下面，水不够则加清水，浸过豆笋即可，不用全浸过萝卜，萝卜煮后也会出水。

❹ 开启电压力锅的煮汤等功能煮熟。

豆笋品质、浸泡时间等不同，都会令软硬程度不同，依自己喜好把握。若觉得煮出来太软烂，可以选用时间较短的功能，或提前关停电压力锅，或者用不带压力的锅煮。

❺ 开锅后，加少许盐，也可以不放盐。

或按自己喜欢的方式调味，比如磨些胡椒粉加进去，或捞出蘸自己喜欢的酱吃。

一束光

每想到她，我就像心里射入了一束光。我悟到了，她就是我的光。

我开始追随她，让自己和她一样优秀。我翻出了许多家里的书籍，一遍遍阅读。

更重要的，修炼自己的耐性和气质：我坚持每天午后的冥想，与夜晚的回忆，无论午时多忙，无论夜里几点上榻，从未间断；谈吐绝无不雅之词，行止绝无不正之举。

以上摘自网上一篇六年级小学生作文，这纯正的爱情观倾倒众生，当我读到这一段，竟有强大的共鸣，因为就在前天，我也遇见了一束光。

我去一间素食馆采访行政总厨，走上二楼时，楼梯上坐着一个约莫五岁的小娃，见到我们马上起身，礼貌地问：“请问你们几位？”

那成熟练达的用词和语气，不可能出自一个小娃，我以为我产生幻觉了，只随口逗他一句，自顾走到二楼，对一位员工说，我约了大厨顿开。那员工对小娃说，去，把顿开哥哥叫来。小娃一溜烟地跑了。

我们在房间品菜、交流，小娃时不时进来为我们服务，我才知道这是个小义工，是我以前采访过的一位素妈妈的孩子。每次看见他走进来，那挺拔的站姿、不卑不亢的表情、温柔有力的语气、单纯清澈得像个孩子的眼神（这说啥呢，人家本来就是个孩子！），我一次次地惊呆了。

他熟练地收拾比他身躯还宽的大盘子，放进比他高一截的小推车，沉稳老练地推走，我忍不住喊一声：“先别走！我给你拍个照！”我举起相机，从镜头里看见他安然站立，感觉照片根本不能表达他的气场，便又放下相机。

他再一次走进来，看到我放在椅子上的相机，伸手去拿却因太重搬不动，便认真地对我说：“这是贵重物品，你不要放在椅子上，要放在这里。”说着用手指指桌面。那淡定的语气又一次惊倒了我，我赶紧把相机搬到桌上放稳，他前后审视一番，确定安全，点头说：“这样就好了。”然后，飘然离去。

我彻底被他成熟老练又不失纯真的气场征服了。细打听才知，以前他妈妈常带着他在这里做义工，现在妈妈没时间来，外公继续带着他在这里做义工。

想起朋友曾说，去素食馆吃饭你得小心，老板都是高人。还有看上去跟老板很熟的人，也是高人。我要补充下，就连义工，上至老大爷，下至毛头小娃，也是高人。所以有事没事，多去素食馆转转，提升自己的能量场。

那天我被深深地激励了，我也要做更好的自己，诸如掌控情绪、修炼气质……我总不能，还不如一个五岁半的小娃吧。

我在微信朋友圈说，我也遇见了一束光。有朋友留言：那么我能说，你也是我心中的一束光吗？

当然，愿你我心中，都有光照亮。愿你我都成为，别人的一束光。

酱香峨眉豆

在菜场买峨眉豆时，一位阿姨说，这个豆不会做，从来没买过，豆类都不好熟，所以只买荷兰豆。

其实这些难熟的豆类，比如四季豆、扁豆、油豆角等，都可以先入蒸锅蒸熟，比较容易熟透，再取出调味便可。

比起放在盘子里蒸，直接放在蒸格上蒸会更快熟。

峨眉豆要入味才好吃，现在有了一个快捷的方法。

食材

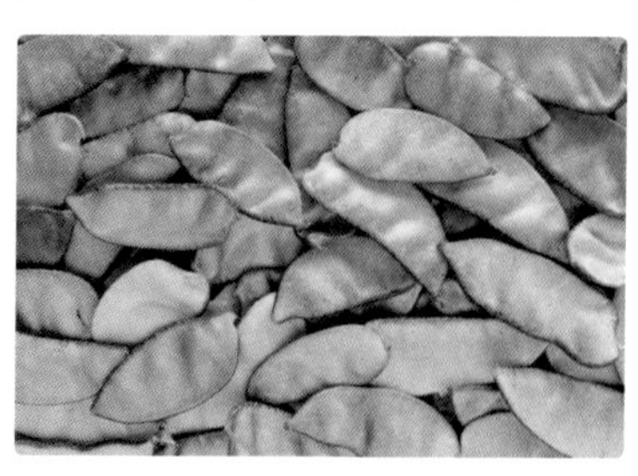

主角：峨眉豆。

客串：自选酱料。

看图，做美食

❶ 把峨眉豆两侧的筋撕去。蒸锅加水烧开后，直接放在蒸格上，蒸至软熟。约需六七分钟。

如果食材较多，有重叠，可以中途翻动一下。

❷ 调制自己喜欢的酱料。

我用了有机赤味噌，加少许有机酱油化开。也可以用豆瓣酱、酱油泡辣椒等等。

❸ 把酱料和蒸熟的峨眉豆拌匀即可。

也可以将菜和酱放入锅里加少许水翻匀，焖一小会儿，留些汤汁，更入味。

蟑螂的王者风范

讲一个有点玄的故事。

刚租工作室时，每天早晨走进厨房，都见到我的橱柜里里外外，落满了蟑螂来访过的痕迹。所以广东的厨房里，任何电器都可以没有，但消毒柜是必备的。然而工作室的消毒柜不通电，也不够大。

明明我打扫得非常干净啊。家里自从吃素食后，都少见蟑螂的踪影，工作室更加整洁啊。而且，很玄乎的是，你只看见他们来过的痕迹，却从不见其真身。

突然有一天，心里有个声音说，厨房墙角有房东留下的一支杀虫剂，难道这些小虫，是过来……心里一颤。

那就试试。把那瓶杀虫剂扔了出去。第二天早晨，神奇了，竟然只见到很少的痕迹。又过了些时日，我竟然也忘记了蟑螂这件事，橱柜一直很干净，他们果然不再来了。

我们为何视蟑螂为敌？不过是嫌他们脏吧。但他们喜欢“脏”的地方，也正是与我们共生共处的方式。他们来做客，是因为我们先制造了“脏”。

家里自从素食和断舍离后，原来热闹的蟑螂便少见了，只有老旧的洗手间门框朽烂处，偶尔钻出一只，也并不影响我的生活。

有天娃从洗手间出来，特意来找我说，你去洗手间时推门小心点，门背后有一只蟑螂，不要压着他了。

前日洗澡时，我见门框上立着一只蟑螂，突然感觉它英气逼人，只见它通体亮泽，身材曲线甚佳，头部的花纹透着王者风范。想到自己一边洗澡，一边弯着腰凝神注视的样子，不禁乐出了声。

本来就没有敌人，要有，也只有假想敌。

为节省开支，前些天把工作室搬回家了，必须再来一轮深度断舍离，才能挤下美食摄影的各种家什。

从第 6 道菜，到第 119 道菜，工作室陪伴了我两年半。

谨以此文纪念、感恩。

写于 2018 年 12 月 14 日。

清甜茨菰汤

关于破壁机，我习惯称其为大功率料理机，就是能将食物高速搅拌的机器。使用料理机将食材打成浆，加入菜肴中，是把汤或菜变浓郁的好方法。

用不同的食材打浆，搭配不同的汤或菜，创造出的美好妙不可言，尝试过便知。

这道菜发出后，大伙纷纷问，什么是茨菰？有位朋友说:“想着去菜市场找找茨菰，先百度了一下它的发音，原来它一直都在那里，只是我不认识。”

若没有茨菰，用淮山药也可以，我猜想的。

小时候，茨菰是贵客菜，如今却渐渐被淡忘。

食材

主角：茨菰、甜玉米、胡萝卜、白（灰）藜麦。

煮汤放不放姜，大家随意。

看图，做美食

❶ 藜麦浸泡小半天，洗净沥去水。

藜麦只需用两三小勺，多泡的可以另煮来吃。

如有时间的话，可再放置半天，让小芽长得更长。放到第二天也可以，中途要用水冲洗，天热可以放在冰箱里。

小芽长得很长时，味道会变得很清甜，我有时会抓一些放入嘴里，竟然也有好吃得停不下来的感觉。

❷ 玉米切成块，胡萝卜、茨菰去皮切成块，一起放入锅加适量水煮熟。

煮到茨菰和胡萝卜都软了就可以了，大约十来分钟。茨菰有微微的苦，正是它的本味。若介意这苦味，可以先焯水。

❸ 将藜麦加少量水，用大功率料理机打成浓浆，倒入锅中，搅匀煮开即可。

没有放盐，很清甜可口。汤里加入微甜的藜麦浆，更加浓郁了。

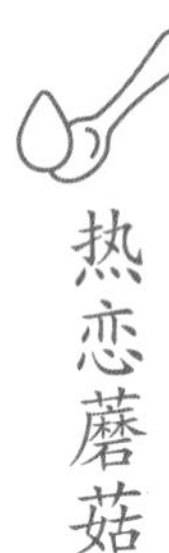

热恋蘑菇

这道菜原名是“黑椒蒸杂菌”。

有朋友评论说：初尝一口，美妙无法形容，再往下吃，如入火山般灼热。个中滋味，尝过就知道了。还没吃完，就想着明天什么时候再吃。如同热恋中的人，还没道别，就想着明天什么时候见面……

然后，见到他天天都在做这道菜，还用胡萝卜片装饰得很漂亮，陶醉其中。

我终于忍不住将菜名改成了“热恋蘑菇”。

有些你看上去的云淡风轻，其实隐藏着火山般的热情。

食材

主角：随意选择自己喜欢的鲜蘑菇，比如图中的金针菇、平菇、香菇、杏鲍菇。

客串：盐、黑胡椒。

看图，做美食

❶ 把所有蘑菇洗净，弄成适合的大小长短，摆在一个大的盘里，均匀捻上少许盐，磨入较多的黑胡椒碎。

杏鲍菇我切成了梳齿片状。食材堆高点无妨，蒸熟就大幅缩水了。

要用原粒的黑胡椒现磨。如果用黑胡椒粉，香味便远远不及。超市有连着研磨瓶的黑胡椒，也可以买空的研磨瓶，装黑胡椒进去，研磨瓶可以一直使用。

❷ 蒸锅水开后，将蘑菇放入蒸熟。约莫六七分钟就可以了。时间视食材多少、火力大小而不同，无须拘束。

❸ 鲜菌类清蒸出来十分鲜美，黑胡椒甚是提味。

钢琴家、木匠、哈佛校长

教师节那天，不是教师的我竟也收到许多祝福。其实人生里，所有的遇见都是我们的老师。

有的老师总是给你正念和鼓励。有的老师却是以折磨你的姿态出现，比如钢琴家郎朗曾遇到过一位“发脾气教授”。

郎朗九岁就离开妈妈，由爸爸带着去北京学琴。父子俩租住在便宜的出租屋，郎朗每天起早贪黑练琴，不胜烦扰的邻居气得扬言要揍他。

比起每天练琴数小时的辛苦，更难的是面对严苛的钢琴老师，老师经常发脾气又很少给他赞赏鼓励。有一天老师对他说，你根本就没有音乐天赋，你该回家去！

父亲听到这样的消息崩溃了，失去理智的他差点把郎朗从十一楼的阳台扔下去。年幼的郎朗也崩溃了，很长一段时间他都拒绝碰钢琴，也拒绝和父亲说话。

直到有一天，几个朋友来看望郎朗，并恳请他为他们弹奏一小段。当手指触碰到琴键、乐声响起的一刻，郎朗才意识到，自己对钢琴有多么深爱。

郎朗对钢琴的激情再度被点燃，他和父亲重归于好，也遇到了欣赏自己的老师。后来，他长成了我们都认识的钢琴家郎朗。

历经挫折，方知此生真爱。

再讲一个我舅舅的故事。

那时候家里穷，舅舅从小读书不多。他特别喜爱木匠手艺，村里有个老木匠见他经常来看自己做活儿，就教给他一些手艺。后来，舅舅就找一些边角余料，帮村里有需要的人免费做些小物件练手。

然而，因为舅舅家成分不好，我外公曾被划为右派，干部们指责批评舅舅，说他帮人做木工活是拉拢腐蚀贫下中农。舅舅受了委屈，一气之下，决定再也不做木工活，把自己的斧头扔进了河里。

没有了斧头，做不了木活儿，舅舅感觉像是丢了魂。寒冬腊月天，舅舅走进刺骨冰凉的河水里，找回了自己心爱的斧头。

后来，舅舅进了工厂，当上了木工。再后来，他自学了数学几何、画图和设计，他设计的作品还获了奖，在业内小有名气。

障碍就是我们的老师，不仅是来让我们看清楚，什么是自己的最爱，还能帮助我们成为更好的自己。

有一天，我把一位朋友的微信昵称备注成“哈佛校长”。因为那段时间他在工作上配合度极差，每次到了他的环节都会卡壳出问题，而且还总不讲道理，忍无可忍的我终于想要放弃。

然而我发现，随着一次次被气哭，又一次次地面对和解决问题，自己越来越沉稳淡定了。也越来越体验到“一切都是最好的安排”的奇妙。

障碍就是要修习的功课。越高级的学府，论文作业也越难，权当自己这是进了哈佛吧。这样一想，心里不但不生气，还很高兴。为了提醒自己，我就把朋友的微信昵称备注成“哈佛校长”。

“校长”刚当上没几天，突然一改画风，很积极地配合起工作来。这莫非就是正念的力量？

一切境，随心转。心若总在真善美，又怎见白玉微瑕。

白汤火锅

最近很多朋友问火锅汤底的做法。火锅不一定需要特别汤底，清水火锅也是一绝，详情参考“随身迷你锅”[1]。不想太朴素，就随便用一款比较浓郁的汤，加多点水就成。若没时间煮汤，这里有一分钟火锅汤底公式，可自由延伸变幻。

1.0 版：用三四小勺燕麦片，加三四碗水，用大功率料理机打成细滑的浆。去年就有开素食馆的朋友用这款做成店里的招牌火锅，大受欢迎。

2.0 版：在 1.0 版基础上，加三四片嫩姜（子姜），或一两片老姜，打成浆。

3.0 版：在 2.0 版基础上，加半个杏鲍菇（切片），打成浆。显然，汤又鲜了许多。

以上各版浓浆（任选其一）倒进锅，加适量水调整稠度，太稠容易煮干，就不是火锅了。加少许盐调味，白汤火锅就做好了。

3.0 版第一次煮好时，我娃尝了一口，惊呼：“好鲜啊！”姜能加倍地激发出杏鲍菇的鲜味，这个搭配我在姜汁儿豆渣[2]这道菜里就做过了，不过相信的人似乎并不多。

1& 2. 详见《极简全蔬食》或微信公众号“素愫的厨房”。

这么难吃的火锅，我想你大概没吃过。

食材

主角：燕麦片、杏鲍菇、姜。

客串：盐。

看图，做火锅

1. 制作火锅汤底，如前所述。

2. 选择任意喜欢的食材，按耐煮的程度依次放入。

有人喜欢放些红枣枸杞，颜色讨喜，但如果不喜欢甜味汤底，慎用。玉米、胡萝卜这种食材有淡淡的清甜，比较为大众喜欢，而且色彩鲜艳。番茄是受欢迎的选项。咸味系可以用香菇等。

3. 豆制品和一些耐煮的菌菇可以早些放入，刚才剩下的半个杏鲍菇，切成了梳齿状。

4. 冻豆腐是火锅绝配。

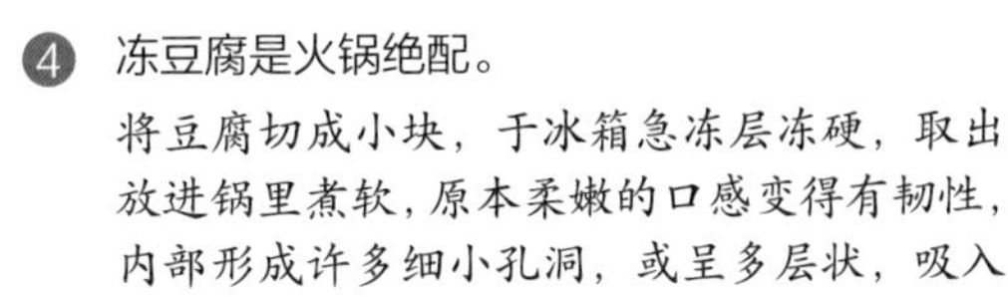

将豆腐切成小块，于冰箱急冻层冻硬，取出放进锅里煮软，原本柔嫩的口感变得有韧性，内部形成许多细小孔洞，或呈多层状，吸入汤汁或酱汁的味道，很诱人。

5. 淀粉多的食材如芋头、土豆、山药等，容易饱腹，可以代替米面，煮饭的功夫也省了。要享受厚实口感，可以提前切厚块蒸熟，吃时放进去烫热就行了。

6. 西兰花、大白菜等不太会影响汤色，有些绿叶菜可能影响汤色的话，可以后放。

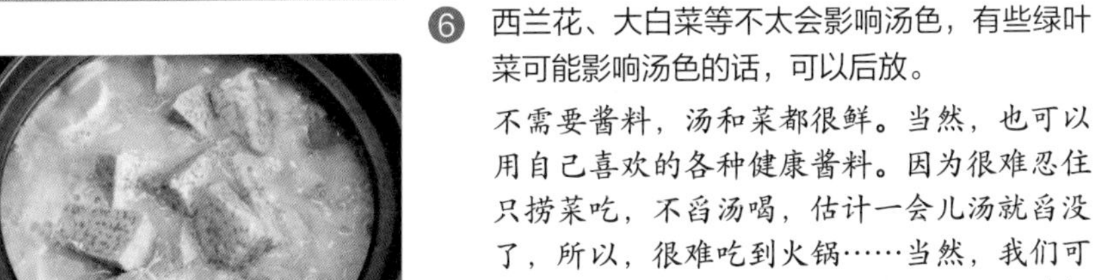

不需要酱料，汤和菜都很鲜。当然，也可以用自己喜欢的各种健康酱料。因为很难忍住只捞菜吃，不舀汤喝，估计一会儿汤就舀没了，所以，很难吃到火锅……当然，我们可以再用半个杏鲍菇、一把燕麦片、几片姜打成汤，保证供应，反正都很简单。

原味贝贝南瓜

五斤有机贝贝南瓜，尝试了各种花式吃法，还是最爱这款极简吃法。内心忐忑问朋友，这可以算个菜谱么?

Y 同学：可以，极简就是你的风格。

我的内心翻译：我已习惯你的种种傻。

X 同学：可以，配一个蘸酱会更好?

我的内心翻译：这奇葩主意，你确定不是说说而已?

我确定。我给出最低配，你可以自主升级，也可以一起极简。

省下时间，和爱的人去虚度。

带着栗子味的香甜粉糯，能迅速补充用脑（胡思）导致的大脑缺糖，这几天都当下午茶了。

食材

主角：贝贝南瓜。

这是五斤里的最后一个。庆幸自己没有独占美好，而是奉献给了世界。

看图，做美食

❶ 贝贝南瓜洗净，连皮切成小块儿，去掉蒂部硬块和中间的籽儿。

贝贝南瓜质量很重要，极简做法，拼的就是食材。

❷ 烧开水倒入蒸锅，将南瓜直接放在蒸格上，蒸熟。

约需几分钟，筷子能扎透即可，不要蒸得过软。不要放在盘子里，那样熟得慢。

❸ 这就做完了，聊聊吃法吧。

吃法一：直接吃。
天生丽质不需涂脂抹粉。最好是用手拿，手接触食物，更能与食物产生连接，心生感恩喜悦。

吃法二：变换花样。
现成菜谱有椰香三宝[1]，也可以放进红小扁豆藜麦粥（第 116 页），放进香锅乱炖（第 12 页），放进白汤火锅（第 84 页），似乎，哪哪都能放……

吃法三：自由发挥。
此处省略许多字……

1. 详见《极简全蔬食》或微信公众号“素愫的厨房”。

爱你，我没有哈根达斯

影响爱情的重要因素很多，比如，爸妈的健康。

随便打开一部电视剧，很容易看到这样的情节，现在假设你是剧中主角。当你终于得遇真爱刻骨铭心的时候，爸妈站出来反对，他们的理由总是无可辩驳，决心总是坚定不移。

他们拼命反对，你拼命抵抗。你宣告要将真爱捍卫到底，宁死不屈。然而，比拼命，你拼不过爸妈。

当爱情离修成正果只差一步之遥时，爸或妈就会突然手捂左胸，然后倒地，然后你的一切计划都落空，然后只能束手就擒。

毕竟，你的拼命只是说说，爸妈却是真的拿命在拼。

原以为世间一切都不能击败的爱情，瞬间败给了爸妈。而且，从此以后，也不能跟爸妈好好地讲道理了，因为他们不能再受刺激。

如果爸妈心脏不好，连喜讯也不能随便传达。

听医学教授讲情志对健康的影响，讲到“喜伤心”时，说了一个案例：有一个心脏病住院病人，病情控制得不错，在美国的小女儿要回国看望，女儿跟医生说，先不要告诉父亲，要给他一个惊喜。

早上大爷正吃着早餐，小女儿突然出现在病房门口，大爷平日最疼爱的就是这个小女儿，一下子喜出望外，正要说话，却呆坐不动，拿着油条的手也僵住了。

医生赶到查看，发现大爷已经仙逝。这就是“过喜伤心”。

近日和一位医生朋友聊天，说起家中母亲一直有高血压，想着接她过来同住。收拾准备好后打电话告诉母亲，母亲听到这个消息特别高兴，不料却突然病发，数小时后就离世了。

朋友黯然叹息：“情志所伤啊！”

愿天下父母吉祥安康。爱你们，我没有哈根达斯，只有极简全蔬食。

饱

吃饱了，就有力气心想事成

14款花样主食

月饼与爱情

这个故事背景是上一辈的那个年代。

大学里一对青年男女相恋，属于违纪，被学校警告处分，却仍誓死不分离。最后，被学校以最严厉之处罚，分配到边远荒地，两人在极度贫苦的环境下，幸福地结婚了。

婚后的某个中秋节，生产队里给每人发了一块月饼，在吃不饱肚子的年代，那可是稀罕美食啊。男人先回到家，面对诱人的月饼，等不及妻子回家，先吃掉了属于自己的那一块。

妻子还没有回来，男人看着那一块月饼，心想，如果她回来，一定也会分一半给我吃吧。于是将月饼切开两半，自己吃了一半，留下一半给妻子。

妻子仍然没有回来，男人实在无法抵挡半块月饼的诱惑，他安慰自己说，如果她回来，也一定会让给我吃的吧，因为两人一直是那样恩爱！

终于，他吃掉了另外的一半。

妻子回家了，一进门就兴冲冲地问："听说队里今天分月饼了？在哪儿呢？"男人看着她，嚅嚅地说："是的，可是我，我把你的那块也吃了。"

女人极度愤怒和伤心，这个男人居然没有留下一口给自己！她收拾行李，坚决地离开了男人，离开了那块荒地。

当年的警告、流放，也没能拆散的一对爱人，却被一块小小的月饼粉碎了爱情。

九年前写下这段故事时，我叹惜这男人不能自持。然而今天，面对一道自己做的菜，我竟然也无法自控，没给娃留下一口。难道，是我不够爱我娃吗？

更别说在那饿肚子的年代，美食的诱惑是多少倍之强烈？所以，就算有人为了美食放弃爱情，我也愿意理解了。那么，到底要有多爱你，才能包容“你没留给我”这个事件？

娃回到家，我对他说，我刚试做了一个特好吃的菜，因为太好吃，我忍不住吃光了，你只有蒸土豆和玉米了。

娃说，没事啊。然后津津有味地吃起来。吃完了说：真好吃，明天还吃蒸土豆和玉米好吗？

这……我以为惊天动地的故事，在人家那里，不过浮云。

一锅面条

回味，吃出幸福感和满足感。

食材

主角：鹰嘴豆、胡萝卜、香菇、面条、绿色时蔬。

客串：盐。

不吃精制白面，还咋吃面条呢？有各种全谷类面条，如全麦、荞麦、糙米、小米、黑米面条等，还有各种豆类面条，好吃又富含蛋白质。图中是有机红豆面和有机双青豆面。

用小型家用面条机可以轻松自制全麦或杂粮面条。自制面条可以于冰箱冷冻保存，或者放在外面风干后，冷藏保存。

看图，做美食

1. 鹰嘴豆泡胀、胡萝卜切成厚片或滚刀块、香菇切成大块，加适量水一起放入电压力锅或高压锅煮熟。

鹰嘴豆一般泡大半日即可，可一次多泡，沥干水于冰箱冷冻层保存。

香菇或花菇等，鲜或干都可，选择肉质厚实的那些。若用干菇，需提前泡发，泡发的水可以放入煮汤。

2. 汤煮好后，加入面条煮。依个人口味可加少许盐调味。

依不同面条的特点，有些易熟的直接煮，有些需要提前泡，有些可能单独用清水煮了捞出更好吃，灵活处理。

3. 加入一些绿色时蔬一同煮熟即可。

估计菜要多久煮熟，比如西兰花可能煮一两分钟，有些叶子菜稍烫一下就可，估摸着可以和面条一起熟的时间放下去。

4. 食材灵活搭配，有一次在汤里放了些新鲜松茸菌，煮好后加入一些紫苏叶，简直太鲜美啦。

烛光下，一碗面条

我的第一份外企工作是总经理秘书。此前一直在事业单位工作，没有对口的专业，没有外企工作经验，自学了一点点英语算是我全部的相关能力。

当时面试和录用我的是马来西亚籍的总经理。上班的第一天，他告诉我说，他是第八任总经理，前面几任在职时间短的几天，长的半月，他已经在这里做了一个月，算是最久的了。

“实话说，我自己也不知道还会在这里工作多久。”说完这句话的三天后，他被公司开除了。

直接上司都走人了，我正琢磨着是否要去递辞呈，财务经理兼代理总经理给我分配了一件工作，于是就来不及想辞职的事了。

很快我就体会到，公司的管理非常混乱，一直待在单纯的事业单位的我，感到一万个不适应。我以为所谓私企就是这个样子，这时行政部经理小周跟我说，他供职过好多间公司，这是最乱的一间。

“但是，越乱的地方，越能学到东西。”小周说。这句话激起了向往挑战的我内心的热情。如果一切顺利舒适，我又何必离开舒适的事业单位呢。

妈妈总是说：没有故事的人生，就是幸福的人生。可是在这里，几乎每天都在上演各种可以写成电视剧的故事。

车间员工的工资很低，只有十几元一天，加班费另计。按当时的物价，在公司门口小店买一份快餐大概是三至五元。那时公司的业务很好，在全国各大城市和东南亚许多国家都设有分公司，我们这间工厂也总是订单排着队。

有一次为了赶订单，公司连续三天三夜不许车间员工休息。一个女工在极度疲劳的状态下走在楼梯上时，两眼一黑就要倒下，好在一名老工程师经过，赶紧伸手拉了一把。从此女孩将他视为恩人。

员工工资本身已不高，还经常不能按时发，总要拖上一阵。感觉财务部的宗旨就是尽可能地把钱在公司账户上多留一秒。

有一天早上我去上班时，发现门口的保安不在，楼上办公区聚集了一大堆人，两个女工躺在办公区的地上，又哭又闹。所有在岗的保安都来了，就是没办法请走她们，不得已只能打电话报了警。

原来这两名女工是亲戚，家里有人去世，两人都要辞职回家奔丧。但是公司只给一个人结了工资，另一名女工的工资一直拖欠。看样子两人今天是打算来拼命了，不给钱誓不走人。

我也不知道当时哪里来的力量，明明不是自己的分内事，却走上前去处理。

我先询问一名女工，她表示自己工资已领。我说：你既然已经拿了工资，就没有理由再闹事，快点离开，否则你便理亏，搞不好还会影响你回家。

这名女工一听，赶紧站起身来就走了，只留下她嫂子继续哭闹。我问她，公司欠你多少钱？她说一千五。这正好是我一个月的工资。

我说：我向你承诺，明天这个时间如果你还没拿到工资，我从我钱包里拿给你。我心想，大不了垫付给她，然后找时间慢慢跟总经理谈。女工虽然不认识我，但听了我的话选择了相信，马上就站起来离开了。

看得出现场的人有些震撼，行政经理和所有保安都搞不定的事，我几句话就解决了。有人分析说：这战术好，先请走一个，分解对方力量，再攻破下一个。我哪里会想这些战术，或者说，我根本没有用大脑思考。如果现在一定要分析，那就是，武力解决不了的问题，爱能解决。

接着，大伙都开始为我担心，觉得明天我肯定要自掏腰包了。而当时我才刚上班没多久，自己都没拿过工资。下班后，我特意取好了钱放在钱包。第二天上班时，我没有见到那名女工，找小周打听，才知道公司已经给她结清工资了。

不知为何，我心里竟有一些感动。毕竟，不需要我再开口。

老同事们告诉我，在这里，无端被炒鱿鱼是随时会发生的事。尤其是公司大老板，他来巡视工厂时，一旦看谁不顺眼，就当场下令开除。这位大老板的道理是：天下多的是人，你滚蛋了我随便再找。

由于被炒可以当场结算工资，自己主动辞职则要等到下月发工资时再结算，有些不想干了的员工就会故意等着大老板来的时候，“偶然”撞见他，“不小心”顶撞他一言半语，就可以马上如愿去结工资了。

有一天，电脑部的一位同事被炒了。按规定，从公司决定炒你的那一刻，就会由行政经理安排保安过来，在监控下收拾个人物品尽快离开，以免员工做出什么不利公司的事情，比如群发一封邮件，删掉一份资料什么的。

作为总经理秘书，管理层员工离职时，我也要参与跟进。这位电脑部同事平时和我们关系不错，小周和我却要亲自处理他的离职。昔日的同事，突然变成了被监控的对象。

收拾完公司物品，还要监督收拾宿舍物品。快到宿舍门口时，小周拉住了我：“等他收拾完我们再进去。”作为朋友，我们能做的只有这一点了。

忙完这一切，已经晚上九点。我和小周都不想回家，两人心照不宣地走去品质部经理小武的宿舍，拍开他的窗子，我说：“我俩没吃饭。”小武赶紧打开门让我们进去，自己走去灶前张罗，不一会儿就端来两碗热腾腾的面条。我说：要是能吃个烛光晚餐就好了。小武起身拿来两支蜡烛点亮放在桌上，关了房间的灯，又取来他的笛子，坐在我身边吹了起来。

笛声清扬，烛光温暖，我们都没有说话，默默吃着面条。这碗面，此生难忘。

在这里工作了三个多月后，我离开了。再后来，曾经红极一时的公司倒闭了。当年的同事们也都各奔东西，少有联络。时常忆起，现在的你们都幸福吗？

错拿了人家的螃蟹

上网淘了几款拍摄用的餐具，快递寄过来时，用一只大闸蟹的箱子装着。心想，亲眼所见也未必是实，不知道的还以为我买大闸蟹了呢。

箱子在家放了一天后，兴冲冲地搬去工作室，拆开外面一层包装，手指感受到微微的冰凉与潮湿，紧接着闻到一丝腥味，脑子里“嗡”的一声，完了，这是一箱大闸蟹——我错拿了别人的快递。

装在泡沫箱和冰袋一起寄来的螃蟹，被我活活多闷了一天的时间。急忙在外箱上找到标签，电话号码显示不全，赶紧打顺丰速递电话，说明情况，要来了收件人的电话号码。

电话打过去，邻居非常宽容，一直宽慰我说没事。我提出要赔偿损失，他坚决不同意，并让家里岳母下楼来等我。

我抱着箱子冲回小区，一位头发花白的阿姨在等我。我表示非常抱歉，阿姨却说没事，还向我微微鞠了一躬。

我怎么受得起阿姨向我鞠躬？阿姨说，你看，我原以为丢了，找不到就算了，没想到，你还给我送回来了，感谢你啊！

看着阿姨往家走的背影，我默默无语，这是多么善良的一家人啊！

想起刚才从工作室赶回来的路上，我脚步匆匆，一边想着早点物归原主减少损失，一边想着快点为螃蟹们解困，一边又想着，等待他们的却是生命的尽头……

一阵风吹过，脸上有冰凉的感觉，原来是泪水落下。

莲藕板栗黑豆汤

为什么女生都讨厌那句“多喝热水”？请自行百度……

比“多喝热水”更让人郁闷的是，突然降温的天，衣着单薄的我，瑟瑟发抖地一个人走在路上。

手机叮咚一响，满怀欣喜打开一看：“天冷了，加衣裳。”

真是其情其景啊！仿佛，感觉更冷了。

开始幻想，有人煮了一锅热汤在等我。

一碗喝下，连后背都暖了。

食材

主角：莲藕、板栗、黑豆。

看图，做美食

❶ 黑豆洗净，清水浸泡两小时。

❷ 莲藕去皮切成小块，切成大约一厘米厚的圈，再分成四块。藕节削干净，可以吃的。

❸ 黑豆、泡豆的水、莲藕、板栗，全部放入电压力锅或高压锅。

如果板栗是去壳后带皮的，锅里烧开水，放入板栗煮开一小会儿，就可以轻松剥去皮。

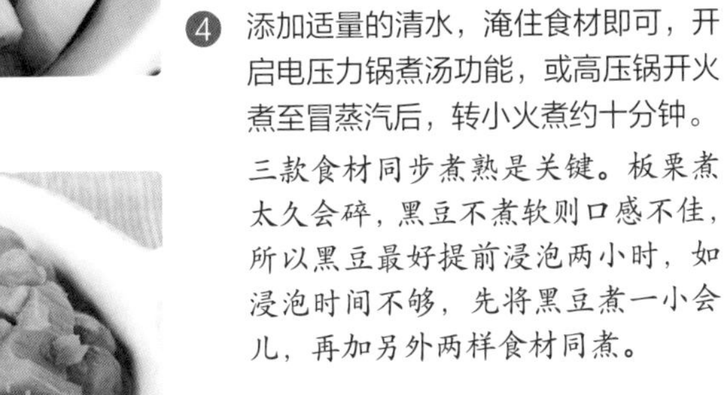

❹ 添加适量的清水，淹住食材即可，开启电压力锅煮汤功能，或高压锅开火煮至冒蒸汽后，转小火煮约十分钟。

三款食材同步煮熟是关键。板栗煮太久会碎，黑豆不煮软则口感不佳，所以黑豆最好提前浸泡两小时，如浸泡时间不够，先将黑豆煮一小会儿，再加另外两样食材同煮。

❺ 可以不放盐，尽享原味鲜香。

预防感冒，你们都吃啥

今年的冬季流感来势汹汹，我娃的学校和附近一些学校都有班级停课了。眼看就要期末考试了，家长们更加焦虑。

朋友的孩子感冒发展到肺炎住院了，说住院部呼吸科床位难求，好不容易才找了间昂贵的 VIP 病房住进去。

微信群里的家长们开始集体买药、吃药预防、吃维 C 片、衣物消毒，高度戒备。又传来消息，一个家长说自己朋友的孩子，刚喊头疼，送去医院就进了 ICU，过了几天孩子就走了。

大家的心越发揪紧，被强烈的不安感笼罩。这个时候，学习成绩什么的都不重要了，只求孩子们平平安安就好。

我也曾是很容易感冒的人，每次感冒都要难受好几天。有一次重感冒正逢非典大暴发，幸亏那时没有智能手机，躺在床上的我不知道外面的信息，后来才知道我的症状与非典毫无二致。

十多年前，我曾把食用酵素当作疗愈感冒的必备品，不过现在我已不用了。

最初体验到食用酵素的神奇，是娃第一次发烧时。那时正在外地，就医不方便，我试着给他喝了一小杯酵素，竟然很快就退烧，开始自己拿东西吃。从此家里必备酵素，感冒了喝它，能大幅降低不适感和缩短感冒时间。

直至后来素食及生食以后发现，都是蔬菜水果的功劳。断掉动物性食物，大量吃新鲜蔬果后，以前身体的很多问题，都渐渐没有了。

这几年很少感冒，偶尔有作息失衡出现一点点感冒症状，调整半天就好了。再喝酵素，身体一点反应都没有。这大概就像没钱吃饭饿了好几天的人，给他一百元，马上能救命。而对于钱很充足的富翁，一百元对他的生活不会有什么影响。

生的蔬果能给我们的肠道提供益生菌和益生元，为我们的健康加分。可是如果同时还吃肉鱼蛋奶和油，这些都在培养非益生菌。

所以“不吃什么”很重要。一滴清水不能净化一桶脏水，但一滴脏水能污染一桶清水。

想起去年看过网上一篇很长的帖子《流感下的北京中年》。一场普通流感带走了一个亲人，倾家荡产却终留不住一个鲜活的生命。无尽的唏嘘和感伤。

正气内存，邪不可干。

没人能保证自己永远不生病，但停止自我伤害，可以大大降低生病的概率。 上一篇文章发出后，有人问，吃素后，除了皮肤变好，你还有什么变化吗？此刻我想说，我变得不一样了。

素食以前，流感来的时候，我会和许多人一样，陷入焦虑，担忧自己和爱的人。不仅是流感，看到任何一个负面的消息，我都容易陷入莫名的焦虑。

现在的我不会因为外界的事件而焦虑，我的内心是安宁的、有安全感的。这种内心的安宁感是幸福的，也是有利健康的。

流感来的时候，我只是默默心疼那些在病中受苦的人，心疼医院里拥挤着的焦虑的病人家属，心疼忙得顾不上吃饭喝水上厕所，却还可能不被求医者认可的医生护士们。

而这一切中的绝大部分，本来是可以不发生的。

如果有人能听见我的声音，我想说，纯净蔬食真的能让我们自己少受苦，能让爱我们的人少担忧。放弃肉鱼蛋奶不是损失，因为只要肯转身一定会发现，蔬食更加丰盛和美味。

亲爱的你，会在这一刻开始尝试吗？

枣香莜面豆渣团

此前有一款莜面蔬菜球[1]，有朋友看了说，这不是面疙瘩么，这能吃？

曾经，或者直到现在，都有一群人念念不忘面疙瘩。读书实习的时候，我们驻扎的地方提供的早餐经常是小麦面粉做的面疙瘩，汤和配料也是极简朴，我们却吃得倍儿香。

莜面不用发酵，口感也很柔滑，有一种特别的清香，甚是讨我喜欢。

1. 莜面蔬菜球，详见《极简全蔬食》或微信公众号“素愫的厨房”。

枣香、豆香、面香，融合得刚刚好。

食材

主角：莜面粉（一大碗），黑豆（一小碗），
红枣（一小碗）。

有朋友用黄豆制作过，说豆腥味较重，还是黑豆为佳。

看图，做美食

1. 黑豆洗净，清水浸泡两小时，连泡豆的水一起放入大功率料理机，打成细腻的生豆浆，倒入过滤袋挤捏，滤出豆渣。

   可以将豆渣再加些水，用料理机再打一次，过滤得到更细腻的豆渣。滤渣时尽量挤干水。

2. 红枣去核，切成碎粒，或用研磨机磨碎。

3. 烧一些开水，一边往莜面粉里慢慢加开水，一边用筷子搅拌，形成均匀的面絮。水不要多，刚够吸水成面絮即可。

4. 加入黑豆渣和红枣碎，拌匀，轻揉成团。

   豆渣与面絮的比例大约为 1:1。豆渣越多，越松软，莜面越多，越有“面疙瘩”感。枣可以多加些，更香甜。

5. 轻搓成大小适中的球放在盘里。搓团子时如感觉粘手，可以洗净手，再用湿布抹干，就好多了。

6. 蒸锅水开后，放入蒸熟，需七八分钟，开锅尝一口最稳妥。

   配着豆浆吃，正好。放冷了吃，也不错。外带又多了一样选择。

香菇贡丸

最初，我是把香菇馅包在里面，一咬还出一口汁，像吃灌汤包的感觉，特别鲜。

当时身边又没别人，自己忍不住一个接一个往嘴里放，结果吃多了，腻得半天都不想动。

后来，发现有的时候馅不太好包，比较费时间，于是改成现在的样子。

娃吃了一口说，哇，像牛肉丸！我问，是颜色像，还是味道像？

娃：颜色像，至于味道，太久没吃过牛肉丸，想不起来是啥味啦。

可以一次多做些，冷冻在冰箱里，吃时拿出来蒸热，还可以煮在汤里或火锅里，吃起来方便又饱肚子。

Q 弹的丸子，干蒸、煮汤皆好。

食材

主角：莜面粉、香菇、西兰花（可选）。

客串：盐。

看图，做美食

❶ 将五六个（或更多些）香菇切成小细粒，锅烧热后放入，加少许盐炒熟，盛起备用。

如果菇太干，炒时可能会粘锅，可以提前将菇用清水泡一会儿。炒菇的过程中，可以盖上锅焖一小会儿，这样锅里积聚水分，不易粘锅，同时注意调整火力，火不要太猛。

❷ 将五六个香菇切成大块，加少许盐炒熟。然后加尽量少的水，用料理机打成浓浆。水若多了，鲜味就淡了。

❸ 把香菇碎加入香菇浆中，烧开，关火。

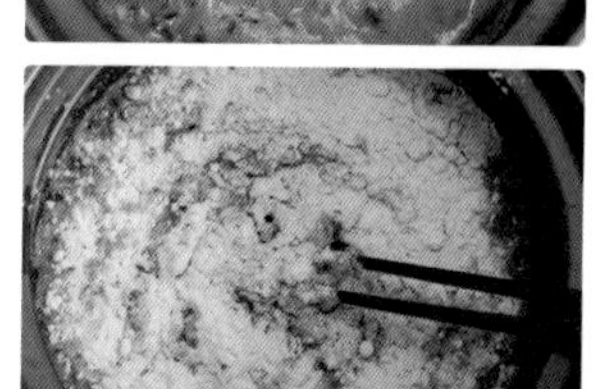

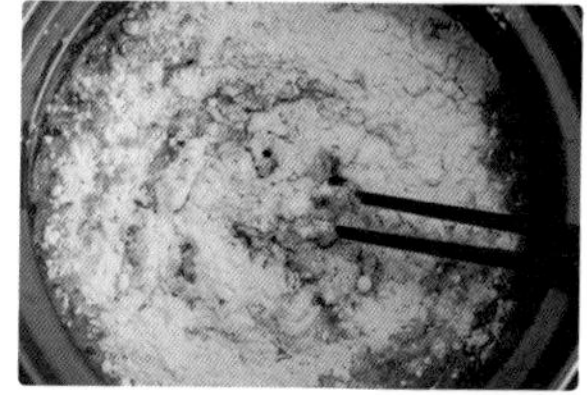

❹ 往香菇浆中慢慢添加莜面粉，同时搅拌，直至成较干的面絮。

❺ 把面絮揉成光滑的面团。揉的过程中若感觉湿或粘手，则慢慢适量添加莜面粉。简单地讲，就是用香菇浆代替开水来和面。

❻ 揪下一小团面，搓成小球，放在盘子里，蒸锅加水烧开后，放入蒸熟即可。

蒸的时间依丸子大小而定，一般也不需超过十分钟，蒸透可以达到蓬松而带弹性的口感。

❼ 为避免贪吃到腻，可以搭配些蔬菜。

每朵西兰花切成两半，丸子约半个乒乓球大小，这样两者所需火候大致相同。蒸七八分钟，以西兰花刚好蒸熟为准。或者用双层蒸锅把菜和丸子分开蒸好，再摆盘，就不用受同步蒸熟之限了。

蒸好后的丸子，还可以搭配在汤里。比起搓好丸子直接煮汤，蒸过后口感更 Q 弹。

“鼠药粉蒸土豆”

兑了老鼠药的粉蒸土豆，你会吃吗?

一直不忍心聊这个故事，毕竟咱是做美食的啊！今早朋友说，吃了长虫的地瓜条，整个人都不好了。粮食不可弃，吃了又难受，在纠结要不要扔掉。

我就胡乱说：米良为粮，人良为食，现在米也不良了，人也不良了，还咋个粮食呢。

粮食，在不同的场景，应该有不同的指向。现在要说到“鼠药粉蒸土豆”了。

时间拉回到1959年。

村里每月给每家发定量的口粮，当然都是吃不饱的，勉强维持生命。某天，一户人家的男主人放工回家，发现早上放在桌上的几粒米不见了，情急下询问，家人说，今天磨了几斤米粉准备做菜糊糊的，就捡进去一起磨了。

菜糊糊，就是菜切碎了加很多水煮，再添少许的米粉，因为这么少的米是不够做饭做粥吃的，只好弄成菜糊糊充饥。

男主人差点晕厥，天哪，这几粒米我是拌了鼠药的！这个月剩下的口粮全完了！全家人都慌了神，哭着去找村干部。

村干部们合计出了一个法子：村里先补给这家口粮，被鼠药污染的米粉肯定不能浪费，就挖了几十斤土豆，拌着这粉蒸了。然后，村里喇叭广播，每家可以派一个人来，免费吃这粉蒸土豆。

这是一个天大的福利，因为可以免费吃饱一顿。这也是一个天大的危险，因为这是老鼠药粉蒸土豆。

这个故事是我爸讲的。当时，全村每家都派了家里的老人家去吃，我们家是我爷爷去的。还好，用几十斤土豆稀释后的鼠药，吃后没人感到有什么不适。但是爷爷在很长一段时间里，对土豆都有一种难以言表的心理阴影。

不曾亲历困难年代，永远无法真正体验饥饿。但是我知道，今天的我能吃饱还能吃好，有多么幸福。

希望本文没有对爱吃粉蒸土豆的你，造成什么影响。一些朋友说，懒得搞粉蒸菜[1]，直接把一锅菜煮熟了，把蒸菜粉搅和进去，挺好吃的。

还有一群人，天天晒着各种自称“猪食”的美照，一边还唱着“手里捧着窝窝头，菜里没有一滴油”。

时过境迁，今天的我们有丰富的健康食物可以选择。关于粮食，我们也有了新的认知。

若我们直接吃植物性食物，比起将这些食物拿去喂养动物、然后我们再吃动物，食物的利用率要高得多。

我们知道，地球上还有很多同胞在饿肚子。

1. 粉蒸菜：将菜与杂粮粉和盐等调料混匀后，放在蒸布上蒸熟。

红豆高粱饼

热的好吃，放凉了也好吃。

装进小布袋，就是极好的旅途美食。坐在家里的我，也能想象自己在路上。

在这个基础上，可以添加一切自己喜欢的东西，如各种干果等。其实我不说，大伙儿也是这样干的。

先做甜味儿的，下次再做咸味儿的，可好？

小口细嚼，特有味儿，既能当主食，又能当零食。

食材

主角：高粱面（粉）、红豆（图中是泡胀的）、红枣。

或问：用其他的粉可以吗？肯定是可以的，但味道肯定也是大不相同，我喜欢高粱面在这里的口感，正合适。

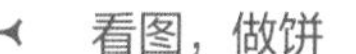

看图，做饼

❶ 红豆用清水泡胀清洗（泡一晚、大半天都行），与去核的红枣一起放入大功率料理机，再加很少量的水（可以用热水），启动机器打碎。

水量只要满足能搅拌就可以。如果机器不太强劲，红豆太硬不好打，可以先煮软豆子。泡胀的豆与枣的比例（体积）大约1:1，如果喜欢甜一点，枣可以多用些。

❷ 不要打得很细腻，只要没有大块就可以了。将打好的豆糊倒在大容器中，杯壁上的食材可以用刮刀清理下来。

❸ 往豆糊里添加高粱面，一边加一边搅匀，使面粉吸收水分。

添加至可以捏成形就可以了，不需要弄得很干，手感软软的就行。

❹ 把面团弄成自己喜欢的形状。

我先把面团做成了一个很规整的长方体。先用手拢一拢，压一压，再将六个面分别在板上墩一墩，弄平整，然后切成片片。切时觉得面团很软，没关系，蒸熟就变硬朗了。

如果有小朋友在，就喊他们过来一起做，他们会有各种创意。什么形状都好，只是不要太厚，不然较难熟。

❺ 蒸锅中倒入开水，蒸格上铺一层蒸布，把小饼轻轻放上去，开火蒸熟即可。

约需十来分钟，尝尝熟透了就行。如果没有熟透，咬一口会看到中间的颜色不一样。

母亲情绪与宝宝健康，竟如此紧密相关？

哺乳期妈妈的情绪，会通过乳汁影响到孩子的健康。

一位带着三个月大宝宝的朋友跟我说，由于近来情绪有些郁闷，平时最爱的一款汤，竟然喝出的是苦味。

而这个月宝宝的体重只增加了半斤多，小便也不畅，说话的当天，宝宝全天只换了一次纸尿裤。

而此前，宝宝一直长得很健康很讨喜。

朋友说："我检讨了我自己。也许这些负面的情绪第二天就没有了，但是它在我这里真实地存在过，而且，对宝宝造成了影响。"

朋友决定回娘家住一阵子。走之前，她对孩子奶奶表达了自己内心的想法。她说，冰箱里的隔夜汤要倒掉了，老火肉汤本来嘌呤就高，再反复煮来煮去，更加不健康。

朋友是纯素食者，除了她和宝宝，家里其他人都还没有吃素。吃肉是否健康暂时不讨论了，她只希望婆婆不要经常将吃剩的隔夜汤再煮给家人喝。

她对婆婆说："和您住在一起，我才提出来这些，我不知道您能不能接受，但出发点也是为您好。"

尽管婆婆听了没有回应，但她心里的郁结打开了。

朋友说，当她决定回娘家，并说出了心里的话之后，宝宝就开始多尿了。当天就拉了两次便便，对比前一阵子，两天一次便便，一天才用一片纸尿裤，真是喜讯。

母子之间有着如此神奇的联结。

许多人相信，母亲若情绪负面，乳汁便不健康。有位妈妈与家人吵架后心情不好，担心自己的乳汁对孩子不利，于是那一餐选择了冲奶粉给宝宝吃。

那么问题来了。我们如何能肯定，奶牛被挤出这一份奶时，刚好是心情愉快的呢？

也许我们未曾想过这个问题。在我们心里，人类是有喜怒哀乐的，而奶牛只是没有情感的产奶机器。

然而事实正好相反。奶牛也有强烈的情感，而她们在被挤奶时，从未快乐。

每一头母牛都需要怀孕生子，才能泌乳，供小牛宝宝食用。为了缩短生产周期，小母牛通常被施以大量的雌激素以更快成熟。然后，以人工授精的方式被迫怀孕。

生下小牛的那一刻，便是母子骨肉分离的一刻。

刚下地的小牛会马上被带走。小牛不可能吃到一口自己妈妈的奶。因为，那是为人类准备的。

若生下的是小公牛，他们留在这美丽世界的日子也许不足一个月。在被送上人类的餐桌之前，他们过着不见阳光、缺铁喂养的生活，这样，因为贫血，他们的肉质便会细嫩粉红。

我在翻译一篇国外的文章时，作者这样描写道："当小牛被带走，大门在牛妈妈眼前关闭，她把头埋进泥泞里，发出阵阵哀号，那是我听过的最悲惨的哀鸣声。"

有些未被锁住的牛妈妈，会跟着运载自己宝宝的卡车，一路狂追。

那是怎样撕心裂肺的母子分离之痛。

很快，刚失去孩子的母亲会被带回到劳动场所，开始日复一日的产奶工作。

当冰冷的挤奶器夹住她们伤痕累累的乳房，谁还会认为，悲痛欲绝的牛妈妈，是在享受哺育宝宝的母子情深？

为了最大效率产奶，不待哺乳期结束，牛妈妈们便开始下一轮的被迫怀孕和下一次的骨肉分离。

若生下的是女儿，比其他兄弟稍幸运的是，她们不会很快死去，而是将开始和妈妈一样的悲惨循环。

这一杯白色液体，满满全是伤痛与悲愤。你与我怎能吞咽得下？

莲子小米粥

自从搬到新的住处，总是很难入睡。不知是房间太大，还是哪里不习惯。

因此也有机会着实感受了一次，小米和莲子的安神助眠作用。可是小米粥的作用并不持久，总不能每天晚餐都吃小米粥。

直到有一天终于恢复躺下就睡着的状态，才知道，是自己心安了。

许多时候，是世间种种的不确定，令我们安不下心来。其实，哪有什么事情需要如此惴惴不安，宇宙安排好了一切。我只需尽情体验，我所感知的一切。我只需喜悦接纳，我所面对的一切。

没有好与坏的分别，就像酸甜苦辣咸，没有哪一味是好或不好。五味调和，便是安好。

品此一羹粥，心安眠自香。

食材

主角：小米、去芯莲子、红枣。

鲜莲子或干莲子皆可。选用有机或生态种植的食材，味道也会更胜一筹。

看图，做美食

❶ 所有食材洗净，红枣去核切块，加适量水，放进电压力锅，按煮粥键煮熟。

鲜莲子需要去除莲心。干莲子不用浸泡，直接煮即可。检查有没有未去除的莲心，将它们去除以免吃到苦味。

❷ 水量若不好把握，先少放些，煮好若偏干，将粥舀出放入另外的锅中，加开水煮至自己喜欢的稠度。

❸ 多放点枣，非常香甜，娃儿放学回来后，整锅端着吃了。

红小扁豆藜麦粥

步骤极简，文字絮叨。不能伴您左右，爱都化为叮咛。

食材

主角：红小扁豆、番茄（可选）、藜麦（可选）。

客串：盐。

三个主角，两个可选，啥意思？意思是，至少有三种做法。

1.红小扁豆加水煮熟，加少许盐，基本不留汤。我可以站在锅边吃完。

2.红小扁豆加水，加番茄煮熟，加少许盐，留些汤汁。能吃出甜美、陶醉的感觉。

3.就是这道菜谱。能满足吃“主食”的需求。

看图，做美食

1 藜麦和红小扁豆分别浸泡半天，洗净。两种食材比例随意。

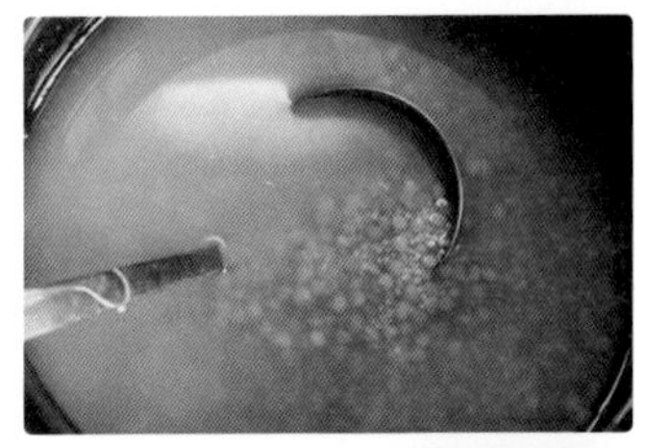

2 把红小扁豆和藜麦放入锅中，加入适量开水，开火煮。

水的分量很灵活，煮成稀粥或稠粥，视您当时的喜好而定。

3 将番茄切成片，加入一起煮。

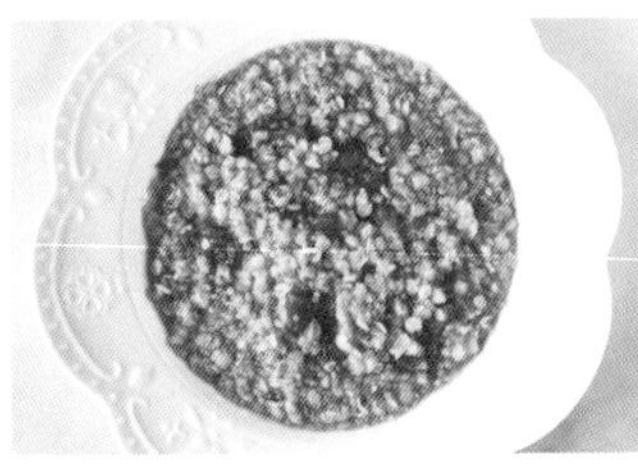

4 煮至所有材料软熟后停火，加少许盐调味。

大约需煮十来分钟，依食材浸泡的时间长短而不同，尝一尝可以做出最好的判断。

少许盐能激发红小扁豆的鲜，可以品尝加盐前后味道的不同。当然，若喜欢吃原味也是很好的。

早恋

有段时间，我常去朋友开的一间青少年视力康复中心帮忙。有一天我走进店里，一个十三四岁的女孩一见到我，就笑着贴近我的身体，我感觉她很甜蜜，似乎对我格外亲昵。

很快我发现，并不是我特别有亲和力，而是这个女孩对所有的人都分外亲昵。直觉告诉我，她在家里很缺爱。

朋友对我说，你的感觉是对的。她从小在家备受宠爱，但自从妹妹出生后，父母的重心转移到了妹妹身上。

我见过她妹妹，长得太可爱了，简直是一个超级小萝莉。两三岁的样子，据说已经上台表演过很多次了。

在添了弟弟妹妹的家庭里，家中长辈或来访的客人要避免当着大孩的面，一个劲儿地夸弟弟妹妹，或者只给弟弟妹妹带礼物。

对于本来就感觉“被抢走了爱”的大孩，这些让他们感觉自己被忽视的小细节，天长日久地积累下来，可能会造成心理上的重创。

这个女孩的妹妹生得实在可爱，谁见了都会忍不住拼命夸她。对于曾经独揽宠爱的姐姐，据说上三年级时夜里去厕所还是妈妈抱着去，我可以想象这中间巨大的落差。

没过多久，康复中心老师发现女孩和一名男生过于亲密。出于关爱，老师第一时间知会了家长。女孩的父母亲急忙赶来了解情况。

父亲说，昨晚查看了女儿的 QQ，见她和男同学之间的聊天内容已经到了不可容忍的程度。

我从父母亲的言语中感受到，他们竭力去爱，却无奈收效甚微。他们所描述的女儿，是学习不用功，不听家长话，典型的品学皆差的叛逆期少女。父亲甚至说，这个孩子我基本放弃了，以后让她去劳教所吧。

我和女孩的父母亲细细分析，孩子一系列的行为，与妹妹出生后她感到缺爱之间的关联。

他们恍然大悟，发现曾经觉得不可理喻的孩子的种种行为，都变得可以理解了。于是他们决定抛开对女儿的偏见，一切从爱出发，多包容理解，多说“我爱你”，多拥抱女儿。

我舒了一口气，感觉女孩终于能找回爱了。

过了几日，我又遇见了女孩的父母亲。他们对我说，他们已经试过了。对她说“我爱你”，也尝试去拥抱她，但她并没有很好的回应，行为习惯也没有见到什么进步。

“这个孩子是没救了。”女孩的父亲说。

我极力解释，人的改变需要一个过程。从感觉失去爱，到又感受到爱，也需要有一个接纳的过程。

我不知道，女孩的父母是否会再度尝试，是否会给予女孩足够的时间和耐心。

我曾读过一本很厚的书《问题儿童教育实录》，作者是一位长年从事青少年特殊教育的老师。砖头厚的一本书，只讲了两个案例。书中的一名男孩和一名女孩，都曾是世人眼中“没救的坏孩子”，在桃莉·海顿老师持久耐心的关爱帮助下，最终回归阳光少年。

可以看出，仅仅帮助一位少年，所付出的心血都是巨大的。

作为与孩子和家长仅有数面之缘的我，无力再做什么。唯有希望父母子女之间浓浓的爱，能让他们冰释前嫌。

毕竟，一颗曾经冷过的心，要再度被温暖，是需要时间的。

若家有女儿，一定要让她生活在充足的爱里，这样，她就不会轻易被异性少许的温存打动。

爱自己，也许是我们最重要的功课。

青稞饭

初尝青稞饭的感觉是，Q 弹的口感真的好萌。

最初是听一些糖友说，青稞饭升糖较慢。藜麦是糖友的理想食物，营养丰富又低升糖，但吃惯了米面的胃，可能觉得藜麦不够有饱腹感。青稞饭能吃饱。

糖友饮食的关键是控制脂肪。动物性食物、植物油、坚果等高脂食物对糖友不利。

豆类中，花生、黄豆、黑豆的脂肪比较高，其他多为低脂豆类。

吃饱能解眼前忧，一萌可消万千愁。

食材

主角：青稞米、藜麦（可选）、豆子（可选）、香菇（可选）。

青稞米有白、黑、蓝等不同颜色，图中是白色和黑色。藜麦用三色和单色都可以。

看图，做美食

❶ 将青稞米和藜麦一起浸泡两小时，洗净；豆子浸泡适合的时间后洗净。将食材沥去水后放入电压力锅。

红小扁豆可以不泡或泡一两小时，绿小扁豆泡一两小时，其他较硬的豆一般要泡半天以上。可以一次多泡些，沥干水于冰箱急冻保存，吃时取用就方便了。

❷ 香菇洗净切去根部黑色部分，切成小粒，放入锅里，加适量水，用煮饭功能煮熟。米和豆都充分浸泡过，水只要刚盖住食材就可以了。

如果用了红小扁豆或香菇，可以加少许盐一起煮，能提鲜。有些讲究的吃货，嫌藜麦煮久失了口感，也可以另外煮熟，拌进青稞饭。

❸ 可以切碎一些生吃味道好的菜，拌在饭里。比如生菜、苦苣、紫甘蓝等。也可以用生菜包着饭吃。

生吃蔬菜时，我一般用兑了环保酵素的水浸泡蔬菜约四十分钟，再用流动的水每片冲洗干净。

我想和你谈谈钱

朋友一见我就念叨说，钱不够花。一阵浓浓的缺钱焦虑扑面而来。

曾把年幼的孩子交给请来的阿姨照料，在我的鼓动下终于辞职回家照顾娃儿，她说：“不上班后，心里整天都充满着焦虑感。”

朋友重回职场后，一拿到工资，我就见她做了新的发型，买了许多衣服和鞋子。我拿走了一堆她闲置不要的衣服，正好省下我买衣服的时间和银子。

多赚钱并不一定能治愈焦虑。

在我面前嚷嚷钱不够的朋友们，大都住着比我家大得多的房子，开着小汽车。那像我这种出门靠步行和共享单车的人，还能不能快乐地生存呢？

总觉得要赚很多钱，才不会缺钱花。可是到底需要多少钱，才可以不用“一天不工作就有罪恶感呢？”似乎也答不上来。

就好像一说吃素就感觉会缺蛋白质，但到底每天要多少蛋白质才能让我们健康地活着，好像也不清楚。其实，我们吃的蛋白质可能已经过量了，甚至因此带来了健康困扰。

从小常听外婆说一句话：“吃不穷，穿不穷，算计不周一生穷。”看来不是越节省越好，也不是钱越多越好。拿着高薪的穷人，身边也不少。

小的时候，爸妈在学校做老师，那时工资都很低，大家日子都很清贫。但我感觉家里生活还是较为宽裕，因为妈妈很用心做计划。

我的做法是，不管赚钱多与少，钱要分装在几个口袋。比如一个装“需要”，一个装“想要”，一个装“储存”。

“需要”，是生活必需。天冷了，没有一件外套会冻感冒，这件外套是“需要”。

“想要”，是必需以外的欲望。明明已经有足够的外套过冬，但橱窗里那件太好看，这是“想要”。

同一样东西，可能是一个人的“想要”，也可能是另一个人的“需要”。

分好了口袋，看米下锅，花钱时心中有数，就不必无边焦虑了。

接下来就该发现，我们的“需要”其实比想象中要少得多。许多我们一直以为“需要”的，其实都是我们“想要”的。

素食六年，我的“需要”越来越少了。以前常用的保健品和护肤品都不再需要。日常护理也几乎不花钱。

洗头用自制的环保酵素，发质很好。洗脸洗澡用清水，偶尔用环保酵素。洗脸毛巾也不需要，手抹一抹自然晾干，天冷时涂点椰子油就足够。几十元一瓶的椰子油，一年也用不完。

比起六年前，现在没有精心护理的皮肤不仅没变差，反而还更好一些了。至少，没有往脸上涂化学品了。

“储存”，既是备用保障，也是为了更远的“想要”。

前天有朋友跟我聊天说，他妈妈财运畅通的秘密是，当感觉自己的钱池子快满时，就要把它清空，这样才能有新的钱进来。

看来朋友也深谙他妈妈的钱池子之道，常见他拿自己的钱为公司做事，因为他对工作质量的要求比老板高。有时请我帮了忙，也要转账报酬给我。

二十多岁的他不是富豪，事业刚起步，我从未见他有过缺钱焦虑，只是静静地做着自己想做和该做的事，云淡风轻。

我说，买保险也是帮忙清空钱池子的方式之一吧。积极投保，不需理赔，让钱去帮助有需要的人。

写到这里，我有些好奇，你们的“想要”都有什么呢？

会不会也想要一场说走就走的旅行，或许就在前方，最美的爱正等着被遇见。

荞麦豆饭

精加工后的白米白面不属于“全食物”，虽然口感细软，可是损失了大部分的营养，升糖指数也高，全谷类是更健康的选择。

常有朋友问，不吃白米吃什么？未被精加工的是糙米，但有不少人吐槽糙米太硬，吃不习惯。浸泡一晚再用电压力锅煮，或者浸泡后沥干水于冰箱冷冻，吃时取出煮，都很容易煮软粗粮。

每一口细嚼慢咽，习惯之后，反倒觉得白米饭不好吃了呢。有朋友分享，将泡好的糙米用料理机稍微打碎，再做饭，感觉很好吃呢！

还有许多杂粮比糙米口感要软，不妨多尝试，找到自己喜欢的。

谷豆饭简单又营养。

食材

主角：荞麦、眉豆、红薯、黑木耳。

可以用任何喜欢的豆子，比如小扁豆、鹰嘴豆、芸豆类等。荞麦与小扁豆都比较容易煮熟，我觉得很搭配。

图中的眉豆和木耳是已经泡发的。木耳不是必需，但这样吃很省事又美味。

看图，做美食

1. 荞麦浸泡半小时倒去水。眉豆浸泡半天或一晚倒去水。木耳泡发洗净后切丝或撕成块。红薯去皮切成块。把所有食材放入电压力锅，加适量水。

荞麦和豆子放在底下，红薯放在面上。水只需要浸住少量红薯，这样下面的豆易熟，上面的红薯像蒸出来的口感，很粉糯。

荞麦较易熟，来不及泡也没关系。木耳泡发后及时食用，不要泡着放置过久，以免不新鲜产生毒素。

2. 启动煮饭功能键，煮熟。

用了十几年的电压力锅终于坏了，买了一个2L的小锅，机械式调档，可以灵活设置时间长短。

以前5L的大锅，煮给我娃一人吃的分量，只够垫锅底。现在的锅正适合，做出来的饭蓬松香软。凡事，适合便好。

3. 为了拍照，用一个圆的模具做成了这样子。

娃回家看了很兴奋，用手拿着圆饼吃起来。换一个形状就能这么开心，孩子们的快乐就这么简单。

素愫的麻糍

我试做了份西藏的糌粑，娃尝了直呼好吃，说想起了鼓浪屿的叶氏麻糍。大概是因为面上粘裹了糖粉。

娃说，带“糍”字儿的，一般都是糯米做的。这款与糯米无关，仍称其“麻糍”，纯粹是我和娃之间的默契。

出门外带：磨一些亚麻籽糖粉装好，常温下应可保存几天。再带一包青稞炒面，在车上或住处只要有开水的地方便可现制。

我妈的吃法：用温水冲调一些炒面，把亚麻籽糖粉拌进去！反正，炒面本身就是熟的，随意吃啦，没有糖粉也可以。

恋着一款美食，可能因为爱一个地方，也可能因为爱一个人。

食材

主角：青稞炒面、生亚麻籽、红枣、生核桃（可选）、脱壳火麻仁（可选）。

青稞炒面，是炒熟的青稞磨的面粉，网上可以买到。核桃与火麻仁，可选其一。

看图，做美食

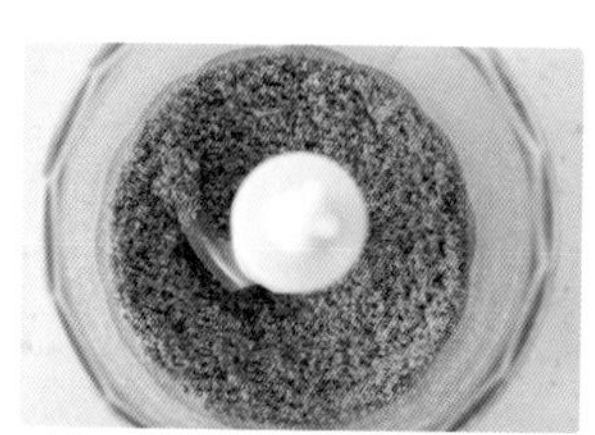

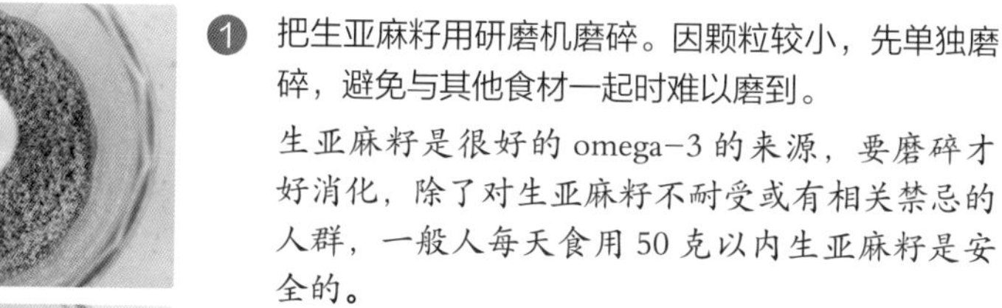

❶ 把生亚麻籽用研磨机磨碎。因颗粒较小，先单独磨碎，避免与其他食材一起时难以磨到。

生亚麻籽是很好的omega-3的来源，要磨碎才好消化，除了对生亚麻籽不耐受或有相关禁忌的人群，一般人每天食用50克以内生亚麻籽是安全的。

❷ 加入去核切小的红枣和一些核桃肉（或火麻仁）一起磨碎，香甜的亚麻籽糖粉就做好了。

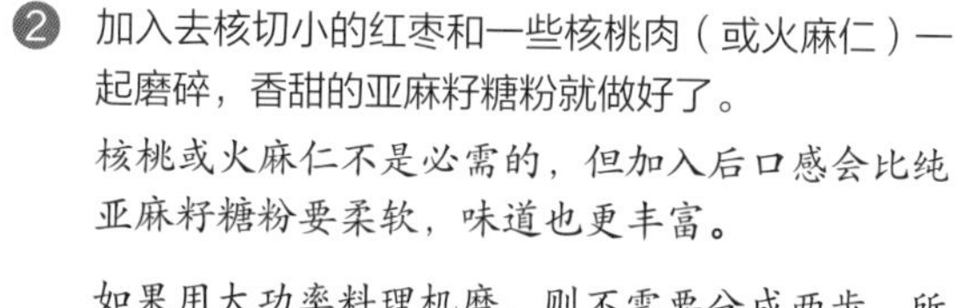

核桃或火麻仁不是必需的，但加入后口感会比纯亚麻籽糖粉要柔软，味道也更丰富。

如果用大功率料理机磨，则不需要分成两步，所有食材一起磨即可。用大功率料理机不要磨太久，若磨到出油，糖粉容易结块。

❸ 将青稞炒面放在一个大的容器中，一边加入开水一边搅匀，待粉都吸了水，可以捏成团即可。

水不要过多，边搅拌边加，水太多就会粘手。豪华一点，也可以用煮熟的豆加少量水搅拌成浓豆浆，代替开水来和面。

❹ 抓一大团面，用手稍捏紧成团，再揪捏成一个个小团，放在盘里。

这样子可以叫作糌粑了。朋友去西藏时，说这东西不能打包，自己做也很简单嘛。

❺ 拿一个蘸着亚麻籽糖粉吃，或者把糖粉堆洒在盘中小面团上。

海边寻子记

亲睹一个妈妈寻找走失的孩子，每每想起都心有余悸。

天色已暗，沙滩上游客多已散去，我经过一个打电话的女子身边，很快听出是孩子走丢了。

“我就是怕他被卷到海里去了……我就是怕他被卷到海里去了……我把他的照片发给你们，谢谢你们……”

从女子的声音里，我听出她极力克制之下的颤抖、恐惧、无助。

打完这通电话，女子又用最大的声音不断呼喊孩子的名字。幸运的是，不远处传来成年男子的回应：“在这儿啦！”

女子踉踉跄跄地向灯光处奔去，我被甩在后面，紧接着传来女子的放声大哭。这极度恐惧释放后的哭声，划破小岛寂静的夜空，一声声揪心无比。

另外几个帮忙寻找的女孩说，这个妈妈已经在这么大的沙滩上来回找了十几趟。

待我走出沙滩，见女子坐在花坛边上，掩面号啕大哭不止。女人们纷纷上前安慰，一旁站着一个八九岁的小男孩，手上拿着挖沙的小铲和桶，大概是被这情形吓坏了，有人叫他上去抱抱妈妈，他也呆立不动。

孩子不会理解妈妈刚刚遭受的惊吓。就算是做了父亲的人，没有经历过生命从无到有的十月怀胎，没有经历过忍着剧痛拼着命生下孩子，应该也无法彻底理解这种恐惧。

幸好，只是虚惊一场。

在这止不住的哭声里，我想起《重返狼群 2》里的一段故事。

《重返狼群》讲述了世界上唯一一例，由人类抚养野生小狼长大，再送回草原并使之成功融入狼群的真实故事。

同名电影播出后，很多人看哭了，其实电影打动人的程度还不及原著的百分之一。

《重返狼群2》则是讲述主人公李微漪因为思念小狼，重回草原苦寻多年，期盼重逢的故事，比第一部更加催人泪下。

除了情同母子却难再聚的感伤，还有因为人类的疯狂，一个个精灵般可爱的生命逝去直至灭绝，美丽的草原一天天消失直至成为回忆的绝望。

小岛上妈妈的哭声中，我想起了这一段：

有一天，草原上的牛群被狼袭击了。狼走后，牛群的主人说：少了一头小牛。李微漪很惊讶，主人是有什么神功，这么快就把一大群牛点清了，还知道少的是哪一头？

主人指了指围栏边一头发出闷哼声的母牛：“他妈妈在哭他。”

每个失去孩子的母亲都在哭泣。愿天下，尽团圆，不负新春佳节。

写于戊戌狗年腊月二十九，南方小年。

鹰嘴豆山药粥

经常收到留言，问有没有宝宝食谱。其实宝宝不需要食谱啊，只需要计划宝宝今天吃哪几样果蔬豆谷，能生吃的生吃，需要煮熟的煮熟，把它们弄得适合宝宝吞咽就可以了。

不需要复杂烹饪，不需要各种调料，从小就习惯简单原味的宝宝，更能从最简单的食物中获得巨大满足。

就像我独自吃光了一盘非常好吃的菜，没有留给我娃而满怀歉意，娃却满足于蒸土豆和玉米，他觉得那就是人间美味。

甚至有些时候，我试好了菜，或拍好了照片，拿给他吃，他还皱着小鼻子说，能不能不要这么复杂，直接吃这样子的就可以了。

意思是说，后面那几步都是多余的，还影响了他的美食。我还得一脸委屈地说，那不也是为了做菜谱嘛。

不止一款粥，其实藏着不同的美食。

食材

主角：鹰嘴豆、铁棍山药、绿叶菜。

看图，做美食

❶ 鹰嘴豆泡胀沥去水，铁棍山药去皮切成小段，放入电压力锅，加适量水没过食材，用煮粥或煮汤等功能煮熟。这样就可以吃了，但还是坚持做下一步。

鹰嘴豆需泡大半天或一晚，可一次多泡些，沥干水后于冰箱冷冻保存，下次吃时取用即可。山药刨皮时最好戴上手套，以免汁液沾上皮肤会痒。

❷ 舀几勺山药、豆和汤，放入大功率料理机打细腻。

稠度随意。打出来的泥，已经很好吃了。为了做完这道菜，还是坚持做下一步。

❸ 把余下的豆、山药和汤倒入汤锅，加入打好的泥，搅匀并煮开。

如果不加菜进来煮，可省去煮开的步骤，或只需煮至适口的温度。加菜也是为了哄宝贝们多吃菜。

❹ 煮开后加入细碎的绿叶菜稍煮即可。

菜加多少，按自己的喜好，应该不需要加太多。有些菜能接受生吃的话，可以不煮，洗净切碎了拌进去即可。比如生菜，味道就不错。

怀孕了，就要吃得不一样吗？

上次讲了素宝宝故事后，许多朋友说，我也好想怀素宝宝，不知如何做？有没有孕妇食谱？

参加孕期学习、定期做孕检等都是必需的。至于食谱，个人觉得怀孕妈妈和普通人吃的也没太多不同。

孕中期营养需求加大，饭量也自然增加。宇宙创造我们的时候，就赋予了我们自然调节的本能。

比如叶酸对孕妇很重要。绿叶菜和豆类含丰富的叶酸，它们也富含铁，有助预防和改善贫血。生的绿叶菜更是没有因烹饪而损失营养。

可是，摄入充足叶酸并非孕妇专享，普通人缺乏叶酸或维生素 B_{12}[1] 也会带来诸如贫血、神经损伤、动脉硬化等风险。

再比如，孕妇要适量晒太阳和运动，以免缺乏维生素 D、缺钙。没怀孕也是一样的。

孕妇不要吃不健康的食物，毒素会传给宝宝。没怀孕吃不健康的食物，毒素会留给自己。

孕妇不要吸烟喝酒，对宝宝不好。没怀孕吸烟喝酒，对自己不好。

孕妇不要情绪过激，会伤着宝宝。没怀孕情绪过激，会伤着自己。

孕妇不要熬夜过劳，有流产风险。没怀孕熬夜过劳，有猝死风险。

现代人对怀孕这么重视，可能是平时太糟蹋自己，只有想到宝宝的时候，才觉得自己应该活得正常一点了。

朋友听了说，是啊是啊，完全赞同。没怀孕的时候，东西随便吃，药也

1. 维生素 B_{12}，详见第 3 页。（作者注：开头《低脂全蔬食碎碎念》那一篇）

随便吃。怀孕后，药也不吃了，垃圾食品也不敢吃了。

宝宝从在娘胎里到出生后，会有一段时间真的被当成宝贝。衣食住行，无不小心。随着宝宝渐渐长大，待遇标准被渐渐降低。饮食从最初的原味清淡，到添加各种调料。长大后，据说麻辣烫成了现在有些年轻人的主要蔬菜来源。

看过一本由医生编著的幼儿蔬食菜谱书，发现里面几乎所有的菜，都比我的菜谱要重口味。而我的菜，从没注明是幼儿食谱。从这个角度看，我是真把大家当宝贝。

父母对宝宝的伤害，有时是因为误会。比如误以为喝牛奶吃鸡蛋对宝宝好。

有时却是明知故犯。蛋糕点心有反式脂肪，这我们都知道啊，这不是孩子爱吃嘛！毕竟，放纵和溺爱总是比律人律己来得容易。

当父母不再宝贝孩子，孩子们于是也学不会宝贝自己。

当我们不把自己当宝贝，在缺爱中长大的我们误以为需要找一个爱人，来宠爱自己。于是我们可能在一段又一段渴望被爱的感情关系中，一次又一次受伤。

当我们终于找到了看似稳定的感情，组建家庭，却又可能有新的矛盾等着我们。

就连一路飞升至女王的芒果，前天又在跟我吐槽：家里杂物多太耗能；家里有人流感还不使用公筷；明明煮好了鹰嘴豆配番茄汤，婆婆非要往汤里加鸡蛋，还一个劲儿给女儿吃。

我：要不搬出去住?

芒果：不能搬。

我：为何?

芒果：为了和谐。

我：那你和谐了吗?

感觉谈话又要回到《饿了四年肚子》的故事了，虽然矛盾焦点变了，但核心本质并没有不同。

在家庭的矛盾中，我们要么干仗，要么为了和谐，把自己憋出内伤。难道就不能有一条你好我好大家好的路了吗?

家家有本难念的经。我说啥都会显得站着说话不腰疼。

以我个人曾经走出困境的体验，人际关系需要按重要性排序。排在第一位的，是自己。飞机上的氧气面罩使用说明清晰指出，先自己佩戴好，再帮助有需要的人。

自己好了，周围的世界才好。和谐必是由内至外的。兜兜转转，然后的然后，发现一切的根源都在于自己。

好好爱自己，不是只在怀孕的时候。

假如屠宰场建在市中心

娃放学带回两瓶饮料，颜色亮丽可人，说是同学用圆珠笔芯勾兑的。我拍照发朋友圈，大伙纷纷猜测，红的有说是西瓜汁、石榴汁、甜菜根汁……绿的有说是黄瓜汁、猕猴桃汁、菠菜汁……娃坦诚地说，当亲眼看到“饮料”诞生时，心想确实不能买外面的饮料喝了。

我想起一本书:《真相: 贰》。作者是日本被誉为“添加剂之神”的安部司。

当某天他突然发现，自己女儿往嘴里送的肉丸，正是由自己研发的各种添加剂组合而成的，他当下幡然醒悟，辞去添加剂研发的工作，并开始大力宣传吃真正的天然食物。

每次他当着观众们的面，演示由各种粉末大变美食，观者无不受惊。

孩子们开始懂得了，为什么“妈妈做的便当不好吃”——因为添加剂俘虏麻木了我们的味蕾，并让我们形成依赖性，我们便尝不出食物的本真美味。

懂得了为什么妈妈整日在厨房忙碌，甚至疏于打扮自己——因为不愿意为图省事，使用含添加剂的半成品。

想到自己曾经嫌弃妈妈不够时尚，惭愧得放声痛哭。

亲眼所见，总比只是耳闻更能撞击心灵。

曾和娃一起观看网上一个恶搞视频:《小猪当众绞成香肠》。卖家假装把一只可爱的小猪放进“香肠机”的入口，很快机器另一边就出来了新鲜的香肠。每个本想买香肠的客人见了都大惊失色，或夺路而逃，或痛骂、阻拦操作者。

可是平时买到的香肠，也都是猪变成的啊，只是我们没有亲眼所见而已。娃就此写了篇作文，最后一段说:

“假如屠宰场建在市中心，并且围墙是玻璃的，那么所有人都会吃素。”

咸小粽

不需调料，需要自律，以免吃多。

食材

主角：粽叶、大黄米、花菇、绿小扁豆、杏鲍菇（可选）。

客串：盐。

看图，做美食

❶ 准备馅料。

（1）大黄米和绿小扁豆分别浸泡两三小时，沥干水。

（2）花菇泡软，去除根部，切成指甲盖大小的粒，加些盐拌匀，腌制一会儿，比平时炒菜的盐可略多些。不要泡太久，能切得动就行，这样口感更好，半小时应够了。

（3）三种食材混匀，比例参考图片，无须精确。

（4）杏鲍菇能增加整锅粽子的鲜香，我又不想它影响花菇粽的口感，就在两三个粽子里，包入了一些杏鲍菇的小粒。

❷ 处理粽叶。

将粽叶放入开水中煮沸后停火，浸泡至如新鲜叶子，剪去根部备用。或者向卖家请教粽叶处理方法。

❸ 包粽子。

我自认为手不算笨，却一直都不能像我妈那样，熟练地包出完美的锥形粽子。直到学会了一种很简单、零失败、速度超快的包法，如图。

（1）取一片粽叶，以粽叶的中部为锥尖，折成圆锥形。

（2）再取一片粽叶，折成同样的圆锥形，套进第一个圆锥形里，并让两片叶子的两端位于对立面。填入馅料，压实。

（3）将靠近自己这边的叶子向中心折起。

（4）将两侧和对面的叶子都向中心折起，不必讲究手法，任意包裹严实，检查无漏即可，用一条绳子扎好。

速度很快！倒是拍这几张照片，不太容易。

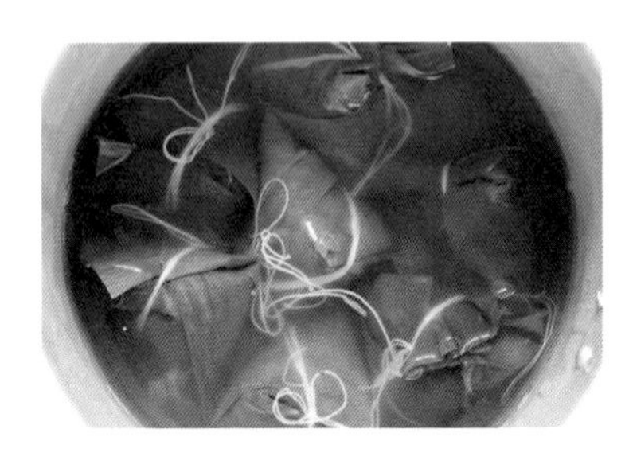

❹ 煮粽子。

在高压锅或电压力锅内装一些冷水，每包好一只粽子即放入水中浸泡。全部包好后，便可以开始煮。

用煤气的高压锅，大火煮开后转小火煮约 15 分钟即可。电压力锅用煮饭档应该就可以了。

❺ 吃粽子。

粽子煮好捞出放凉后吃，才显其独特风味。可用凉水浸泡一会儿帮助降温。

悄悄话：有余下的馅料，或者根本就懒得包，就将馅料加少量水，再将几片粽叶剪成段放入，用电压力锅做成米饭。感觉，也像在吃粽子嘛。

一罐幸运星

多年前在外地出差时，当地朋友送我一罐手工折的幸运星。我娃长大些后，拿它当玩具玩了好些年。当他渐渐淡忘时，我把它送给了朋友家的小妹妹。

现在，小妹妹也长大了，朋友来问我：那罐幸运星我准备断舍离了，你娃还要吗？

我说：他早忘记了。

朋友说：那我就断啦，其实好喜欢，有点不舍。

我说：不必舍。只是有人替你保管而已。

瞬间舒畅了。那么，这个思路，可以治愈失恋吧？

你离开了。嗯，有人替我，为你洗衣、为你做饭；为你包容、为你承担；为你分忧、为你解难；为你打伞、护你平安。

而我，只需要爱你，就可以了。如同爱着日月山河一样，如同爱着世间所有兄弟姐妹一样。

省下好多时间和力气，可以做好多我喜欢的事，成为更好更美的我自己。

要知道，我首先是我自己，然后才是，爱你的那个我。

南瓜藜麦粥

菜名里没有腰果，可它却是点睛之笔。

当然，没有也可以。

就像一个人，没有他的时候，生活原本也美好。

可是有了他，却又变得如此不同，再回不到从前。

若是有一天，又再没有了他，你会放弃这一碗，还是依然会细品，没有他之后的更加简单、纯粹和通透。

人生有散亦有聚，你我是否都能一样地安然，品出淡淡的幸福。

不知道下一秒，谁和谁又融合出了新的味道。

食材

主角：南瓜、白藜麦、生腰果。

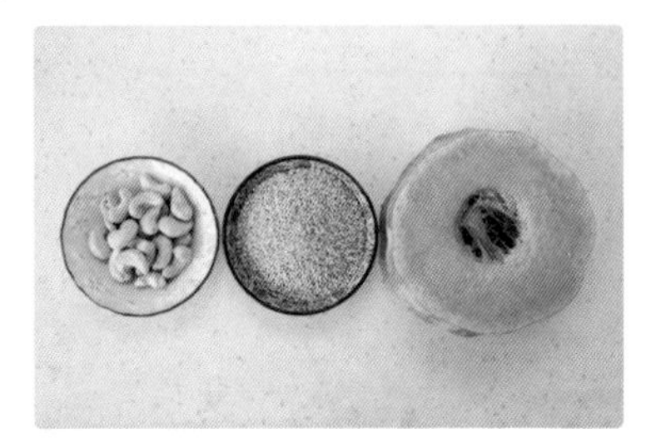

看图，做食美

❶ 将半碗藜麦浸泡半天，沥去水清洗；一大块南瓜去皮切小块，加适量水，一起煮熟。约需十来分钟。

南瓜占较多的比例，选择成熟的南瓜，这样粥比较甜，与腰果的味道才般配。如果不想粥很稀，水只要没过部分南瓜即可。水少了中途可以添加。

❷ 煮熟后关火，用勺子将南瓜粗略压散。

❸ 一小把生腰果浸泡半日后沥去水，加少许洁净能喝的水，用大功率料理机打成腰果浆，倒入锅中，拌匀即可。

腰果浆多了可能会腻，视个人口感决定加多少。

❹ 南瓜的香甜与腰果的奶香味非常般配，确定可以吃出幸福感。

我要昨天喝水

这个故事，大概能令许多“杠精”黯然失色。只有一句话：“我要昨天喝水！”

这题有没有解?

当时的背景是，我只有三四岁，爸妈都要去开会，为了安全，就把我一个人锁在屋子里。那年代不能自主择业，辞职更不可能，因为得养家。平时爸妈尽量轮流照看我，但有时他们都要开会，我就会被锁在小屋。

此时觉得，现在的全职宝妈虽然辛苦，但至少我们还能有选择：选择做全职宝妈，以后还可重返职场，或自主创业。至少，宝宝是快乐的，妈妈也是累并快乐着的。

屋子里没有什么可以消遣打发时光，没有玩具，也没有我能看的书。除了我自己，没有其他能发出声音的东西了。说这些，就是描述小屋里的无尽孤独。

到撑不下去时，就开始哭。妈妈听到哭声，就跑回来开门。每次门一开，哭声就停；可是门一锁上，哭声又响起。到第 N 次，我妈：“这孩子，你到底要啥? ”我：“我……我要喝水！”

我妈赶紧端来一杯水。但我继续哭。我妈：“这不是拿水来了吗? 咋还哭? ”我哭得上气不接下气：“我要……我要……我要……我要昨天喝水！”

我妈就算能解最难的方程式，也解不了这个题。于是，她把这个故事当笑话讲了几十年。

有一天我突然觉得，我会翻译这句经典台词了：我感到孤独，我感到难受，这感觉难用言语表达。我不渴也不饿，我需要的是陪伴，我需要感到被爱，我需要有人能懂我的感觉。

大意如此。

长大之后，我们的表达能力看似很完善了，但许多时候，我们并没有表达出真的自己。明明需要爱，说出来却成了抱怨或指责。可是抱怨和指责并不能创造爱。

明明需要被关注，却期待“我不说，你也懂”。可是这种默契可遇不可求。即使再心灵联结、同频共振的人，也未必时刻都能精准感应。况且有些时候，我们自己也未必懂得自己。

好好说话。昨天没喝到的水，今天就忘了吧。从今往后，一起幸福。

双囍窝窝头

很简单的窝头，免发酵、免揉面，立等可吃。

搭配公式：杂粮面粉 + 豆类面粉 + 红枣。

可以用生豆子打成浓豆浆，代替豆类面粉和水。红枣可换成其他甜味食材，或换成蔬菜做成咸味的。也可以不甜不咸，只享原味。

关于“面粉”，我的理解就是食材磨成的粉状物，不仅仅指小麦磨成的粉。南方多称为“粉”，北方多称为“面”，我常常纠结不知到底用哪个词，中文好难。

比如这款窝窝头里，鹰嘴豆面粉，就是鹰嘴豆磨成的粉。大黄米面粉，就是大黄米磨成的粉。

极简窝窝头公式。

食材

主角：大黄米面粉、鹰嘴豆面粉、红枣。

可以只用大黄米面，口感会很黏。黏性食材多吃不太易消化，加入鹰嘴豆面粉，谷豆搭配营养好。

看图，做美食

1. 大黄米面粉和鹰嘴豆面粉各一碗放入盆中混匀；

2. 红枣去核切细碎，或用研磨机磨碎，加入粉中混匀。

3. 一边慢慢加入少量温水，一边用手和面，直到成为不粘手的面团。

   水不要加得太快，不然面稀了又得加面粉，最后就吃撑了。为了让窝头大小一致（拍照所需），我先将面团分成小球了。

4. 揪一小块面团搓成圆球，用大拇指顶出一个窝，整形令厚薄均匀即可。

   未发酵的面食，中间留空，容易熟透，不会成为一个硬球。

5. 蒸锅放入开水，蒸格上垫一块蒸布，将窝头放入，大火蒸约十五分钟至熟透即可。

   热吃冷吃都可。做多了可放冰箱冷冻保存，吃时取出蒸透。

嘘寒问暖，还是来笔巨款

夜晚十点放下电话，我突然想，为什么中文的“关心”看上去就像是“开心”的反义词？

故友打电话来，在他欲言又止、旁敲侧击的低沉语气中，我基本是弄明白了：他觉得我现在过得很不好，眼看春节临近，流落异乡、冷清寂寞的我实在太可怜了。

一通好意的电话，愣是让我有种“被扶贫”的感觉。为了不让自己真的抑郁起来，我匆匆道过晚安便挂了电话。

有一种“关心”，是有人觉得你过得很差。我曾经在很长一段时间里，“享受”过这种关心。

单位的一个大姐对我很好，经常从家里带些好吃的给我。不仅如此，她还经常表达对我的无限怜惜。

她会经常重复这样的句子：“哎呀，我觉得你真的是好可怜哟，一个女孩子孤孤单单在外地，也没个人照顾，哎呀……”

最开始的时候，我还感觉到有被关爱的温暖，也每次向她解释，我的生活不是她想象的那样，我过得很好，不必担心。

渐渐地，这些话变得像咒语一样，我被带进了那种情绪，好像真的变成了她描述的那个样子。以至于每次她一来到我面前，我都需要动用能量，来抵抗她的负能量。

我想，这不是友情和关心应有的样子。

我曾跟妈妈说，担心是一种诅咒，要把担心改为祝福。担心家人生病，不如祝福家人健康；担心出门下雨，不如祝福一路天晴。

妈妈听了觉得有理。改变了思维习惯后，妈妈变得更快乐了，连睡眠质量都好了。

小时候大人总教我们在新年里要讲吉利话。如果小孩子说错了话，甚至故意调皮唱反调，大人们就会说一句：“童言无忌，狗子放屁！”

那时候我觉得这是大人们好笑的迷信。现在我懂了，语言是带有强大能量的。正面的语言不仅令人愉悦，甚至可以疗愈疾病，甚至产生各种不可思议的力量。

不知何时起，网络上流行一句“嘘寒问暖，不如来笔巨款”。这表面上看，似乎是感情已经浮躁浅薄至不堪一击；可实际上，是我们嘘寒问暖的能力还有待提升。

若是话语真能暖心，我想人人都愿意聆听。来笔巨款，应是相谈甚欢的锦上添花，而非话不投机的勉强替代。

多说吉祥话，不止在新年。

再次感恩夜晚来电的故友，我感受到了你的惦念；

感恩怜惜我的大姐，我感受到了你的善良；

感恩寄来好食材的素友，我感受到了你们的情谊；

感恩打来巨款的知己，我感受到了你们的力量。

我爱你们。

爱

爱，是自由地虚度时光

19 款爱的心思

抬杠不是目的

当年有个很帅气的男孩，在外地上大学。放寒假回来给我带了一枚很漂亮的发夹，粉红色蝴蝶形，看起来特别高贵。

他说："我挑了好久，卖发夹的柜台挤满了人，只有我一个男的。"

有一种幸福，是有人肯为你，成为旁人眼中的另类。

别问他是谁，他管我爸妈叫爸妈，比我多叫了一年多时间。

多年以后，还是这个男孩，还是因为爱我，却担心我成为别人眼中的另类。

当得知我开始吃素时，全家人一致表示反对。除了常见的理由，我哥的视角很新奇——"如果你吃素，你的人际关系会受到影响的，因为你跟别人不一样。"这问题猝不及防，面对理科博士的质疑，当时的素食小白我无以应答。

时光流淌，我从最初的随缘素食者，变成今天的严格纯素者。

以前，我不介意面条里有蛋，不介意在肉汤火锅里夹菜吃。现在，我不吃任何动物性食物，包括肉、鱼、蛋、奶、蜂蜜、燕窝、阿胶等等。我拒绝锅边素，即和荤食混在一起的素菜。

我尽己所能地避开动物制品，比如羊毛、羽绒、蚕丝、真皮等，买东西必先看清成分。

我和娃不去动物园、海洋馆等地方。因为参观被囚禁、被训练的动物，不可能让我们感受到真爱。

如果素食会带来人际关系障碍，严格纯素应该更甚。一个幸福的事实是，我的人际关系正在变得越来越丰盛和美好。

以前爸妈总说，多少天都接不到我的一个电话。现在我经常主动打电话或微信语音，跟爸妈一聊就是一个多小时，还都兴致盎然。

我们不愿意交流，往往是因为心理能量匮乏。当心理能量充足时，和相爱的人交流是多么轻松和美妙。

纯净素食让我身心更安宁，能量更充盈，每天都在爱上一个和昨天不一样的自己。

我从未像现在这样，拥有如此多的朋友，比如，此刻读着这段文字的你。素食给了我们靠近彼此的缘分。

有许多老朋友也吃素了，还有好些有了胎里素宝宝，健康又聪明。还没全素的朋友，也觉得学几招素菜挺好的，毕竟，没有谁是纯肉食者。

有些旧友相识已超过二十年，由于生活圈子不同，友情渐渐变成了没有话题的尴尬。现在，我们又有话可说了，因为我们都需要关心健康了。

如果我们遇到了人际关系的障碍，那不是吃不吃素的问题。是我们需要提升能量，打开心门，调整频道。当我们身心和谐，我们的周围也会和谐。

送我粉色蝴蝶发夹的男孩，现在在大洋彼岸，和我远隔万里。以前无肉不欢的他，现在自认为“吃得挺素的了”。时不时地，会给我抛来一些有哲理的话题，伴随各种数据资料：

“我同意每个人尽量多吃素，我也同意尽量多的人多吃素。可是我坚持认为，一个人完全吃素不好……”

“我不反对你做纯素食者，但我认为不应该号召全人类都纯素……”

这些问题都不太好回答。不是我跟不上博士的逻辑，是我觉得，讲爱比讲逻辑更重要。

有次聊完一个话题，哥给我发了个微信红包。这个红包跟当年的蝴蝶发夹，表示着同样的意思。

突然想讲一个故事。我妈有个同事，老跟自己的爱人抬杠，两人一天到晚都在斗嘴。大伙问他：你俩每天这样不累吗？你就不能顺着老婆说一次话？他说：当然不能了！如果她说往东，我说好！她说这个是白的，我说对！那有什么意思嘛！那还有天可以聊吗？

众人皆顿悟。原来一切都是爱。

不是番茄蛋汤

这道“不是番茄蛋汤”，在美国的“老玉米姐姐”跟我说，她家先生边吃边赞，说比咖喱还好吃。

老玉米姐姐的先生是一位蔬食医生[1]，是印度出生、印度长大的华侨。姐姐说，要知道，印度人说“比咖喱还好吃”，那是对美食的最高赞誉啊。

谢谢你们带着爱的巧手，为家人烹制美味，却把赞誉都给了我。

1. 蔬食医生：支持并践行有益健康的植物性饮食方式，并且向求医者提出植物性饮食建议及指导的医生。

我肯定，你不会再惦记番茄蛋汤了。

食材

主角：鹰嘴豆、土豆、番茄。

客串：盐、营养酵母粉（可选）。

看图，做美食

1. 鹰嘴豆泡胀，泡半天或一天都可。在高压锅中加适量水没过豆子，煮至高压阀冒蒸汽后，转小火煮约十分钟至豆子软熟。

2. 土豆去皮切块，待蒸锅水开后，直接放于蒸格上蒸熟。筷子能插进、软了即可。

   土豆不要切太薄、蒸太久，这样含水量过大，会影响质感。

3. 把豆子捞出，一点汤都不要，放入大功率料理机搅拌杯中，加入少量盐和营养酵母粉，开动机器，同时用搅拌棒捣压，将豆子搅拌成泥。

   不要打太细，豆子差不多碎了就行。营养酵母粉非必需，但可增添风味。

4. 把熟土豆加入料理杯，鹰嘴豆泥和土豆分量大约各半，无须精确。开动机器，在搅拌棒帮助下，打成泥，舀到碗里备用。

   只需基本成泥，不要打得很细腻。打几秒钟就行了，打久了就可能成豆浆了。

   选用淀粉含量高的土豆，能做出更紧实的质感。我第一次做时，比图片中的效果好，其紧致的质感像比萨里的芝士，我娃吃了一口说：哇，像蛋黄酱耶！（好像你吃过蛋黄酱似的！）

5. 番茄切成小块，锅烧热后放入，加少量盐，边炒边用铲压碎一部分，炒出汁。

6. 加入煮豆的汤，如汤不够再加些开水，烧开后，把豆泥放进汤里，用锅铲切成适当的大小，不要久煮，轻轻搅匀即可关火，以免豆泥融化太多。

   如果省去加汤这步，就可能做出“不是番茄炒蛋”。但我喜欢做汤，因为汤实在太鲜了，甩番茄蛋汤几十条街。

芦笋豆腐羹

本以为这菜简单极了，没想到一个星期里，我和娃天天试吃，连吃了十几盘。

嫩豆腐、老豆腐、黄豆豆腐、黑豆豆腐、芦笋焯水、不焯水、打浆加水、不加水，蒸还是煮……不同食材与不同工艺进行组合，到底有多少条路啊！

娃每盘都说好吃，区别不太大，可我明明觉得区别很大啊！终于，有一个版本，我和娃都吃出了明显的区别：这个太好吃了！

娃还赏了一个菜名儿："不是蒸蛋 2"[1]。

1."不是蒸蛋"，以南瓜和豆腐做成，可解蒸蛋之馋，详情见《极简全蔬食》或微信公众号"素愫的厨房"。

好一碗嫩滑鲜香的素羹。

食材

主角：芦笋（两根），老豆腐（一块）

客串：盐。

最终选择的是较少水分的老豆腐，嫩豆腐也可以，自制豆腐也可以。

看图，做美食

❶ 芦笋放入开水中，快速焯一下捞出。

这一步可以省去，可能会有些许生芦笋味，有人爱有人不爱，各自选择。

❷ 将芦笋与豆腐一起放入大功率料理机，加一小撮盐，不要加水，搅打至细滑。

搅打时可用料理棒帮助捣压。如果芦笋根部有老的部分，可以切去少许。搅打时间久一点，免得口感粗糙，我打了一分钟。

❸ 把豆腐泥倒入盘中，用刮刀抹平。待蒸锅水开后，放入蒸五六分钟即可。

我这盘大概三厘米厚，不知道太厚会不会影响口感。

❹ 面上撒了些脱壳火麻仁，只是为了拍照，可以忽视。除了蒸，也可以把打好的浆倒入锅中，煮开，可能会得到一碗豆腐花。

我试过用嫩豆腐和芦笋打成浆煮开，好吃。反正，开头写的那些食材都可以用，自己喜欢就是最好的。

没有所谓约束力

朋友说，我娃的自我约束力太差，建议多找机会训练打磨。我听了觉得有道理。

再一想，约束力到底是个啥？我娃能约束自己忍住馋，不吃肉，你们很多大人能么？

曾经，我娃也是无肉不欢。他说自己“凡是肉类都喜欢”。

他对肉有多热爱？记得三岁左右时，我煎了一只鸡腿给他，他吃了几口，我发现肉里还有血丝，就要求拿去重做，他不肯给。

我耐心讲道理，他始终不肯放手，我只好从他手里硬夺下。鸡腿被抢走的瞬间，他爆发出尖锐刺耳的哭叫声，几乎要震穿我的耳膜。那愤怒的眼神，更是令我不寒而栗。

为了一只鸡腿，一个天真无邪的三岁娃可以六亲不认。

娃上小学一年级时，在我吃素后不久，他主动吃素了。不仅不吃动物，做成动物形状的素食也不吃。

一开始，娃依然在学校吃午餐，把盘里的荤菜分给旁边的同学。有一天，他同学的家长跟我说：“听我儿子说，你家娃前几天午餐只吃了两碗白米饭。听说是没有适合他吃的菜。”

我去问娃，他说两个菜，一个蒸肉饼，一个番茄炒蛋，蛋和番茄都混在一起，挑不出来了。我说：“没听你提过此事？”娃说：“没什么，白米饭也能吃饱。”

后来，我们决定回家吃午餐。虽然妈妈辛苦点，但正好让娃给我做试吃官。

偶尔，娃坐在餐桌前嚷嚷:“我想吃肉，我想吃仿荤，能不能有什么像肉的，又不伤害动物的？”

我说：“好吧，明天我做孜然杏鲍菇[1]。”娃听了高兴地期待着美食。

然而第二天，我又去试新的菜了，两人都忘了这件事。

我和娃都是较大比例生食，每餐两人能合吃一道熟菜。所以这一道菜的机会，我都用来试新菜和拍菜谱。菜谱一旦发出，就意味着我们很少有机会再尝到了。

这学期，学校开了烹饪课程。第一次课是蜜汁鸡翅，我说要不要我研究一个素鸡翅给你带去，不然上课光看别人吃啊。

娃说，不用麻烦了，我不做菜，我可以打扫卫生。

第一次烹饪课，回来说，大家都在抢鸡翅，我把摆盘装饰的胡萝卜和黄瓜吃了。

第二次烹饪课，回来说，大家都在吃鱼块，我把里面的葱吃了。

第三次烹饪课，回来说，大家都在分鱼饼，我把里面的生菜吃了。

我想起英语课本里，要求用 beef 等食物写句子，他写下了：

Animals are our friends, not food.

没有所谓约束力，不过是你爱得深沉。

1. 孜然杏鲍菇：用孜然煎杏鲍菇片，能吃出孜然羊肉的味道，广受欢迎，详见《极简全蔬食》或微信公众号“素愫的厨房”。

自家豆腐

“箸上凝脂滑，铛中软玉香。”由古至今，赞美豆腐的诗句数不胜数。

想起小时候常去乡下的姨妈家过暑假，遇上做豆腐的日子，我会特别开心。先用一个大石磨来磨豆浆，和哥哥姐姐们合力推动石磨，金黄的豆子变成乳白的豆浆沿着石磨边流淌下来，感觉好美。

豆浆煮开后，姨妈会让我们先喝个饱，然后才点浆。过一会儿有了豆腐花，又让我们先吃个饱，余下的才拿去压豆腐。所以每次做豆腐，我的小肚子都撑得滚圆。

若顾虑转基因黄豆，可以选择有机黄豆。转基因黄豆主要用于加工油料，榨油后的豆粕用于加工动物饲料，所以避开动物性食物和油，便少了许多风险。

我更爱用黑豆做豆腐，只是考量到颜色，今天没选它上镜，有朋友说我偏心，哈哈。

青菜豆腐，正是人间美味。

食材

主角：黄豆或黑豆、有机糙米醋。

看图，做美食

❶ 泡豆。豆子半斤或小半斤，用清水泡胀，泡一晚或半天，清洗。

❷ 打浆，滤渣。

将豆子和适量水，用大功率料理机打成浆（不需加热）。我打了两分钟。倒入过滤袋，挤出汁。可以将余下的渣再倒入料理机，加适量水，再打两分钟，用过滤袋挤出汁。

水的多少，不用称量。我喜欢用较少的水，得到较浓的浆。醋点的豆腐，比不上石膏豆腐那么嫩滑，做成较干的豆腐，味道有优势。

③ 煮浆。

要用比较大和深的锅煮，免得溢出。煮时一定要守在锅边看火，搅拌，一旦沸腾迅速关小火，舀去浮沫，确定豆浆确实在沸腾，再煮约一分钟，停火。喝未煮开的豆浆可能引起中毒。

④ 点浆。

装一小碗洁净能喝的水，加入适量有机糙米醋搅匀。比例约为醋：水 =1 ： 5，不用称量，大概就行了。

调好醋，豆浆也稍降温了，一手往锅里匀速倒入米醋水，一手用长把勺在锅里画圈搅拌。当搅拌的手感觉阻力变大，看着豆浆开始凝结成絮状，就要注意认真观察，很快会发现豆浆全变成絮状，即停止加醋水，停止搅拌。

如果加完了一碗醋还没有成絮状，再去弄一碗醋来，继续。已经凝结成絮就要停止加醋，免得豆腐有酸味。

⑤ 入模。

让豆花在锅里静置数分钟，更好地凝结。在模具内垫上纱布，倒入豆花。豆腐模具可在网上买到，过滤袋、垫布通常也一起卖或赠送。

❻ 压浆。

把布的四边向内折起盖住豆花，放上模具的上半部，放上重物压出水。

❼ 脱模。

压得越重越久，豆腐越干，按自己的喜好把握，压好后取出即可。若赶时间，可以用手大力按压倒出大部分水，再压十多分钟就行了。我的模具内外不是很密合，四边会有一些高出来的，手撕下来，直接放嘴里。

❽ 享用。

我都是直接用手掰，放进嘴里！不再需要任何烹饪和调料。自个儿压的豆腐又结实，又好吃，一不小心会吃多吃腻。

我又找了个很赞的吃法：把豆腐切成喜欢的大小，用一片洗净的生菜，将豆腐前后左右包结实，放嘴里。竟然有种吃三明治的感觉呢！

豆渣有很多吃法，煮汤、煮粥、烙饼、做馒头、做窝头……

软玉凝香

为了这款低脂豆腐，我琢磨试验了好长时间。

最初是因为，一些糖友们通过吃无油烹饪的低脂全蔬食帮助改善血糖，主要是控制脂肪的摄入，在戒掉动物性食物、油以及坚果、花生等高脂食物后，得到了较佳的降血糖效果。

黄豆、黑豆脂肪含量高，所以一些糖友也会暂时避开大豆及其制品，不止一次有糖友跟我说，看着别人吃豆腐，好馋。

这款豆腐试验出来后，不仅糖友们吃得高兴，由于做起来特别简单，不需要模具，不需要点浆，大家都很喜欢。

温馨提醒：本书旨在分享美味蔬食菜谱及健康理念，并无以此代替任何必要的医疗措施之意。饮食原则是方向性建议，需倾听身体的声音，依自身情况灵活调整。

香滑软嫩，比蒸蛋更鲜美。

食材

主角：鹰嘴豆（一碗）、红小扁豆（一碗，可选）。

客串：盐。

红小扁豆为可选项，不用也可以，加上后味道更鲜，且红小扁豆脂肪含量很低。

看图，做美食

1. 鹰嘴豆泡胀洗净，需半天；小扁豆泡胀沥干水，半小时即可。将两种豆子加适量水，用大功率料理机打成浓豆浆。

   豆的比例无须精确，可以目测体积1:1，或鹰嘴豆多一些。水的用量尽量少，能打成豆浆即可。搅打的时间可随意，打得越久，余下的豆渣越少。

2. 把豆浆倒入过滤袋，用力反复挤捏，将豆浆挤于盘中。

3. 舀去面上浮沫，加入少许盐搅匀。蒸锅水烧开后，放入蒸熟。

   如果用的盐是难溶解的，也可以在打豆浆时即加入。

4. 蒸到食材凝结即可，约需七八分钟。

   形似嫩豆腐或蒸蛋，味道却更鲜香，趁着温热吃，尝一口就停不下来。
   底部会有一层糕状物，有点像凉皮的口感，吃起来颇有风味。如果不想要太多凉糕，在上锅蒸前尽量搅拌盘中豆浆。如果想要多一点凉糕，把过滤好的豆浆多静置一会儿再蒸。

粉玉团子

“白玉丸子”极受欢迎，在《极简全蔬食》里我把它放在第一道。不过许多朋友说当地买不到那种豆腐干。

做了“软玉凝香”后，我用余下的豆渣做白玉丸子，发现太好做了，轻松成形不会散，“手残党”也无压力。

拍摄出来后，想不好叫什么名字。因为颜色有些粉，于是就这么叫了。

吃团子，团团圆圆。

食材

主角：鹰嘴豆、红小扁豆、杏鲍菇。

客串：盐。

看图，做美食

1. 鹰嘴豆和红小扁豆分别泡胀，倒去水清洗。

   鹰嘴豆需泡大半天。红小扁豆泡半小时或半天皆可。

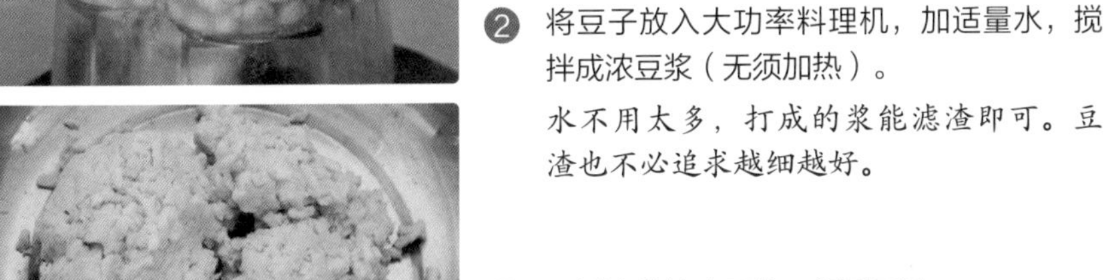

2. 将豆子放入大功率料理机，加适量水，搅拌成浓豆浆（无须加热）。

   水不用太多，打成的浆能滤渣即可。豆渣也不必追求越细越好。

3. 用过滤袋挤出豆浆，得到豆渣。

   豆浆可以煮熟了喝，也可以做“软玉凝香”（见 162 页）。这款豆渣细腻黏软，我觉得可以和任何喜欢的菜一起做成团子。

4. 将杏鲍菇切成小粒，加适量盐，与豆渣混合捏匀。

   豆渣黏性强不易散，杏鲍菇可尽量多多地放，这样更鲜。适量的盐也令味道更鲜美。

5. 用手团成一个个小团子，放在盘中。蒸锅水开后，放入蒸熟。约需十来分钟。要蒸到熟透，内里松软才好吃。

   直接吃很鲜，也可结合其他菜谱，或搭配酱料、浇汁、放在汤里，自由发挥。

青蛙王子与吻

一个与吻有关的游戏，我们玩了许多年，直到现在。

昨晚，瞅见睡觉小娃的脸蛋儿，我馋嘴地上去啃了四口。正欲逃走，他突然说：“买四送一啊！”只好上去再多啃一口。

话说，娃还在幼儿园时，某日读了“王子变青蛙”的故事，睡前便要求体验一次，把他先变成青蛙，明早醒来再变成王子。

次日一早醒来，谁去碰都不让，保持四脚朝天的青蛙姿势，一定要等“Micky 来变我！”

待我过去，在他额头轻轻一吻，他翻身跃起，变成了帅气的小王子。从此，每个晚上，每个早晨，都会有一声“Micky 来变我！”

如果我要外出几日，就要把几天的“变”，提前印好在脸上。

后来，不变青蛙王子了，变各种想变的：小狗儿、小乌龟、《重返狼群》里的小狼、关上开关休息的机器人，还有的时候，是一只待烤的肥面包。

再后来，写作业累了，跑过来伸着一张脸：“给我点智商。”

干点小活儿想偷懒了，又跑过来：“给我点体力。”

有时我会讨价还价：“我看你缺的不是智商和体力，是缺点情商，要不要给你充点值？”

不表达出来的爱，就像没端上桌的美食，未曾被人知晓，最终消散了香醇。

不许浪费粮食，也不许浪费爱。

苹果也是有生命的

朋友说：“刚才儿子问我，苹果也是有生命的，你还用刀子伤害它？我没答上来。”

多么有爱的孩子。今天，又要讲一个有点长的故事了。

植物的生命和动物的生命是不一样的，不然的话，我们就没有必要划分植物和动物了。

曾看到一段言辞激烈的话，说人类非常愚蠢，竟然会喜欢鲜花，难道不知道花是植物的生殖器么？人类居然愚蠢到把生殖器捧在手里，插在家里，还当作礼物赠予爱人？

从这段话我们很容易明白，植物和动物是多么的不一样。

花是植物的生殖器官，为何生得如此艳丽芬芳，展现在最容易被看见的地方？因为植物需要动物来帮助他们繁衍生命，花儿就是要尽量地招蜂引蝶。

同样的，果实也是香甜美味，才好吸引动物来食用。动物吃了果实，坚硬的种子不能消化，只能排出体外，种子便随着动物的移动，完成了它自己本不可能的远征，在另一个地方，生根发芽、开花结果。

这，就是植物与动物之间，共生共存的方式。

成熟的苹果会从树上掉落，如果没有被动物所食，除了砸中牛顿的那一个，其他掉落的苹果都毫无意义。

掉落在地的苹果腐烂后，种子也会落在土壤里，可这些没有远行的种子，都集中在这棵树下，得不到充足的阳光和生长所需的养分。一棵生机勃勃的苹果树下的土地，孕育不出硕果累累的另一棵。

种苹果的朋友说，苹果采摘后，第二年会结出更多的果子，如果没有采摘，反倒就没有那么多了。

亲爱的宝贝，现在你可以开心地吃苹果了吗？

问：那么吃土豆和菠菜呢？是不是也结束了他们的生命呢？

土豆和菠菜不像苹果树，可以生长很多年，年年结果。这一季在地里长成熟后，倘若没有人去采收，它们便会腐烂或枯萎。

有人类种植、采收、留种、培优，它们不仅生命得以延续，还长得越来越优质。回到远古时代，我们可没有这么多品种丰富、味道喜人的果蔬豆谷呢。

问：不忍心杀动物，可是植物就没有痛感吗？

我不是生物学家，就算是，可能也不能确定植物有没有痛感，但是动物肯定是有痛感的。拥有痛感可以让我们感知危险，从而迅速逃离，或者做出改变。

植物不能自主移动，它们也不需要像动物那样移动去觅食。从这一点，我可以想象它们至少没有那么敏锐的痛感，在我吃它时，痛得要拔腿而逃，因为它们期待着被动物所食，借以完成自己生命的繁衍。

可是任何一个动物，当我们想要去抓他杀他的时候，他们无不惊慌而逃，抑或挣扎哀号。

当我们对动物的痛苦渐渐麻木，我们甚至也会对自己的痛苦麻木。许多人疾病缠身，明知改吃植物性饮食有利康复，却仍然继续大口吃肉大口吞药，甚至在身上动刀子做手术。

我们需要更多地爱惜自己。

问：我们的祖先不也是吃肉的吗？

食肉动物们可能经常都在饿肚子，毕竟抓捕猎物比啃食果子树叶难多了。我们的祖先在果子不够吃、又还不会种植的情况下，只好出去打猎，如果早有今天这么丰盛的果蔬豆谷，我想他们也不必冒着生命危险去找吃的。

更重要的是，我们与祖先获取肉食的方式不同，当今工业化养殖带来许多严重的危机，诸如：温室气体排放、水资源污染、生态失衡、粮食短缺、兽药残留、慢性病高发……

工业化养殖的动物，他们的一生都是悲惨与病痛，而那并不是他们本来的样子。

自由生活在野外的猪可以跑得很快，就算猎豹想逮只猪饱餐一顿，也不一定能跑得赢他。据说猪的智商很高，他们可以学会许多表演，敏锐的嗅觉甚至可以帮助警方缉毒。可是更多的猪，一生被囚禁，成为脏、蠢、懒的代名词。

鸡，本来是可以飞的，“鸡飞狗跳”本是平常风景。现代养鸡场里的鸡却再也无法拍拍翅膀就飞越高高的围墙，可怜一生被关在笼子里的它们，可能连站都站不稳。

在野生动物的世界里，有的动物吃植物，有的动物吃动物，自然地维持着生态平衡。先被吃掉的动物多是老弱病残，得以存续发展的都是精英。

在工业化养殖的环境中，动物们的体能、智商等都在全方位地退化，显然，这并不符合物种优化的自然规律。

想象一下，如果我们人类被圈养起来，并被加以折磨、榨取、利用，我们也会在悲惨中一天天退化，变得人不像人。

我们种植植物，植物们变得越来越好；我们养殖动物，动物们却变得越来越糟。

倘若吃植物也无可避免地会产生伤害，那么我还是要选择吃蔬食。因为若我吃动物，需要消耗更多的植物，来养殖这些供我所食的动物。

让所有的生命都越来越好，我想这是一个温柔而坚定的选择。

杏鲍菇银耳羹

浓鲜菇汁与柔滑银耳，相互交融不分彼此，释放无限精彩。

食材

主角：银耳（大的半朵），杏鲍菇（大的一个或小的两个），香芋（半个）。

看图，做美食

1. 银耳用清水泡发，若有硬的根部剪去，洗净撕成很小的片，放入电压力锅，加少量清水，刚没过银耳即可。煮熟后再焖一会儿，更能出胶。

若用焖烧锅，烧开移入锅内，焖两小时，也能出很多胶。

2. 香芋去皮，切成约一厘米厚的块，蒸锅水开后，直接放在蒸格上蒸熟，比放在盘子里蒸要快。蒸几分钟，用筷子扎进去软了即可。

3. 杏鲍菇切成梳齿状放在盘中，均匀捻些盐在面上，蒸锅水开后，放入蒸熟，会出许多汤汁。用双层蒸锅，可2、3步同时进行。

4. 把蒸熟的芋头、蒸好的杏鲍菇连同汤汁都倒进煮好的银耳里，搅匀即可。

可以稍微煮热一下，芋头太大块可以用筷子夹小些。尝一尝，视需要加少许盐调整味道。适量的盐能让菇的鲜味发挥到淋漓尽致。

鲜菇紫菜汤

有一些菜，大家的热情度似乎不高。虽然做过的人说“果然好好吃”，更多的人却可能因为它颜值不够，而选择了忽视。

今天这款简直是丑哭了，但也好吃哭了。而且我最终放弃了再拍一次照片的想法。如果我不费心计较每道菜的颜值，我会有更多全心与食物对话的时光，寻找出他们更有魅力的味道。

每一款蔬食都是带着爱而来。吃完如果觉得它温暖了你，请告诉更多人。

很鲜的汤，还有许多自由发挥空间。

食材

主角：紫菜、新鲜香菇、腐竹。

客串：盐、黑胡椒（可选）。

紫菜如果干净质量好，可以直接煮，不然就提前浸泡洗净。

看图，做美食

❶ 腐竹用清水浸泡到完全饱胀，赶时间可以用温水泡。切成细条。

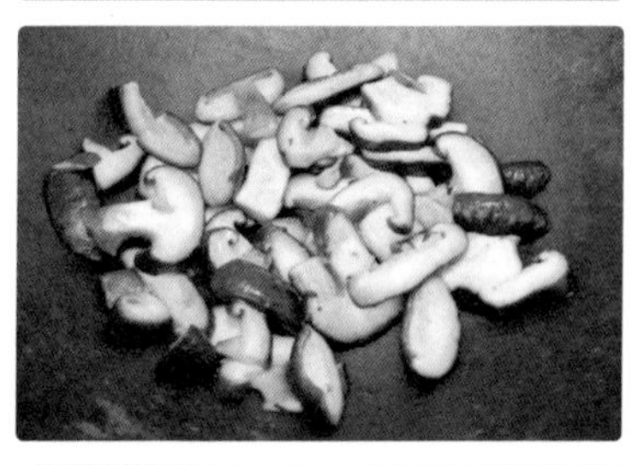

❷ 新鲜香菇去掉脚部黑色部分，切成片，锅烧热后倒进去，加点盐炒至全熟。

炒香菇不需要油，加盐炒熟后，菇的鲜香味就出来了。

❸ 把一半炒熟的香菇放入大功率料理机，加入煮汤所需要的水（可以用热水，一会儿煮汤较快），搅打成浆。再加入另一半香菇，搅打少许时间，打成碎粒状。

❹ 把香菇浆倒进锅，加入紫菜和腐竹一起煮，腐竹如果浸泡充分，煮开一会儿就行了。

尝尝味道，看是否需要添点盐。依个人喜好，可以磨些黑胡椒碎增加风味。

遇见喜欢的味道

世间有些味道，对一个人来说是享受，对另一个人来说，却可能是受罪。

一个女孩说，她很爱吃一款榴莲甜点，男友却很怕榴莲的味道。他会经常带她去甜品店，戴着一个厚厚的口罩，看着她吃。

我想这个男生的确是真爱了。

菠萝蜜是我喜欢的热带水果，广东湛江盛产，但我有个湛江的朋友非常怕那个味道。

有一次我路过湛江去看他，他说你来得有些晚了，菠萝蜜的季节过了，但是我去农户那里找找看。然后，他开着车拉来了一只巨大的菠萝蜜。他说："这辈子，应该再没有第二个人有本事，把菠萝蜜放进我车里了。"

世间最难计量的，应该就是情义吧。

许多朋友都有体会，在纯净素食后，对味道会更加敏感。更能体验美味，也更难忍受不喜欢的味道。

电梯内邻居身上的洗头水味道或香水味，会令我难受。有一次坐高铁，邻座女孩化了浓妆，强烈的刺激性味道熏得我几乎无法呼吸，只好走到车门边去看风景。

这不是矫情。身体是诚实的，不是能靠修养或毅力就可以做到不介意。

有些人喜欢的，也许是另一些人害怕甚至致命的。想想如果你不吸烟，却待在一堆人打着牌吞云吐雾、充满了二手烟的屋子，就可以理解。街上飘着阵阵诱人香味的餐馆，对许多素食者来说，可能就是受罪。

前些天一位素食朋友很高兴地跟我说，终于可以买到适合的非动物皮的皮鞋和腰带了。那间店的超纤皮鞋只有一款尖头的，他说：“我的脚宽，但是也能勉强挤进去。至少，减少了一些血腥。”

这样的一个朋友，在饮食上当然也是尽量避开动物成分的。可是他的太太和孩子都还没有接受完全素食。“我偶尔会找借口做一餐全素，但如果天天全素，老婆会翻脸的。”他说。

他必须忍受家里荤菜的味道。自己受不了菜市场鱼档肉档的腥味，却需要去为家人买来食材，甚至要下厨做好。

我问，是什么力量让你如此包容。他说：“没办法，一家人啊！”

常常听到素食的朋友被家人视为另类，认为他们矫情，嫌他们麻烦。然而换个角度想想，他们为了家人，正在默默承担。

遇见喜欢的味道，是幸福。愿世间这幸福不再奢侈，只是平常。

茄红叶绿

绿色，是春天美食的主旋律。

今天菜里先用枸杞叶，若没有枸杞叶，就用荠菜（我想象的）、红薯叶（要嫩的，超鲜美，我试了），其他的我也不知道了，自由发挥啦。

“不是番茄蛋汤”[1]很好吃，但有点费时间，这款简单许多。

1. 详见本书第 152 页。

番茄和鹰嘴豆搭配是鲜美的代名词。

食材

主角：鹰嘴豆（一碗）、番茄（1-2个）、枸杞叶几枝（或其他时蔬）。

客串：盐。

番茄尽量选成熟的，买回来放着也会继续变得更熟。

看图，做美食

❶ 鹰嘴豆泡大半日至饱胀，倒掉水。加适量水用大功率料理机打成豆浆（无须加热）。

可一次多泡些，沥干水放冰箱冷冻保存。若用冷冻的豆子，先用常温水稍浸泡、解冻、冲洗后，再打豆浆。

❷ 用过滤袋挤出汁。

（1）懒得过滤也可以，用大功率料理机打久一点，但我不是很喜欢带着渣渣的厚重感。

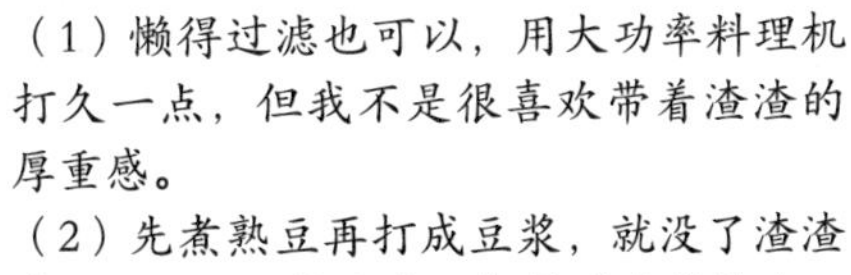

（2）先煮熟豆再打成豆浆，就没了渣渣感。但还是更偏爱生豆打浆过滤的做法。

以上（1）（2）两种方法，豆的用量都要比滤渣的做法减半。

（3）还可以用豆渣加水替换这一步的豆浆，一菜两吃，各有风味。

❸ 将过滤好的豆浆倒入锅，添加适量的水调整稠度，放入切成片的番茄，加少许盐一起煮。用压泥器压碎一些番茄，让汤里有一些番茄汁。

鹰嘴豆和番茄汁的融合很鲜，我娃闻到香味说像在煮蛋汤。

❹ 煮沸两三分钟后，将枸杞叶放入，煮开即可。

最近买的枸杞叶味道清新，不用焯水，生吃都挺不错。有时却涩味明显，焯水后较容易接受。请教卖菜的档主，说和气温有关，天冷的时候，菜较甜。

金包银

这些天一直在琢磨茄子，差点以为没法超越“粉蒸茄子豆角”[1]。

上天不允许我这样想，赐了这款“金包银”。需要花费一些时间，但绝对值得。

另附赠一款极简的茄子做法：

将茄子切成条状或有网格花纹的块状（见右页第3步），抹上盐，直接放于蒸锅的蒸格上（不要放在盘里），蒸两三分钟即软熟。

吃法1：直接吃，能享受美味的，应该是高级吃货了。

吃法2：淋上少许有机酱油（放盐步骤也可省）、柠檬汁或苹果醋或陈醋。

鲜嫩清爽，以简胜之。

1. 粉蒸茄子豆角，详见《极简全蔬食》或微信公众号“素愫的厨房”。

我想给它取个名儿：“你的拥抱融化了我的心”。

食材

主角：茄子（两根）、鹰嘴豆（一小碗）。

客串：盐。

茄子的品种很多，有些蒸熟后十分软糯可口，多去菜市场，多跟菜档老板聊天，多尝试，就能找出最喜欢的。

看图，做美食

❶ 鹰嘴豆浸泡大半日，倒掉水清洗，放入锅内，加少量水煮至软熟。

电压锅方便省事，煤气用的高压锅煮至阀门冒蒸汽后，转小火煮十来分钟。

❷ 将豆子捞出放入大功率料理机，不用加水，加少许的盐，在搅拌棒的帮助下，搅打成泥。

如平日吃得清淡，盐可省。如果豆子确实太干，不好打成泥，适量加一两勺煮豆水。水不要多，打成尽量干的豆泥。

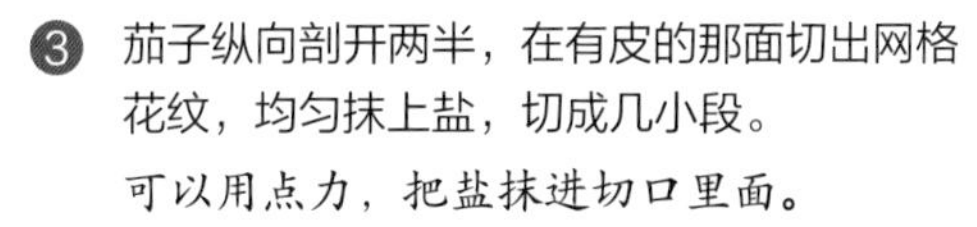

❸ 茄子纵向剖开两半，在有皮的那面切出网格花纹，均匀抹上盐，切成几小段。

可以用点力，把盐抹进切口里面。

❹ 用豆泥将茄子全身包裹起来。如果豆泥太干不好包，可以洒很少的煮豆水或清水并捏匀，但豆泥尽量干一点为好。

❺ 蒸锅水烧开后，将包好的茄子放在蒸格子上蒸熟。大约需要六七分钟，用筷子扎进去感觉茄子软透了就可以了，也不要蒸过头。

可以在蒸格上垫一层蒸布，减少水分吸入，免得蒸熟后太软易变形。

❻ 双手轻握着吃。

茄子软糯，略少了一些韧劲；豆泥鲜香，稍欠了几分柔滑。它们在一起，真的是很般配了。

把你拍得好看的人，都很喜欢你

朋友想拍一辑孕照，她看过几间影楼，最后来找我这个非业内人士为她主拍。那辑照片出来后，朋友非常喜欢。照片里的她，实在太美了。

朋友说：“我选你，是因为你懂我。而且，你懂母亲。”

应邀做过几次摄影沙龙分享，我只讲了两点：裁与不裁。不能让主角的手或脚被裁去；路人甲乙丙丁的杂乱背景要裁去。

其他的，便只有爱。去爱，去表达爱，就是最好的创作。因为照片是摄影者内心的呈现。

曾经，我也有一个能把我拍得很美的摄影师。从最初我帮他扛很重的三脚架去外拍，到见证他拿到第一个小小的奖，到后来家里的奖杯堆得到处都是。

在他的镜头中，我在湖边和手背上的小麻雀对过话；在山上和雪地里的小猫逗过乐。我曾看似不经意地走在粉墙黛瓦、小桥流水边，也曾假装沉醉地抚弄老宅院里的木古琴。

那些被镜头定格的瞬间，都美得令人回味。

可是，不知从何时起，我发现他镜头里的我不再美丽。我的眉心刻着一个“川”字，似乎用熨斗都熨不平。有时候看着照片中的自己，甚至感觉像是年过六旬的沧桑老妇。

渐渐地，面对他的镜头时我竟然感到恐惧。

我们已不似从前。也许是他的眼看不见我的美，也许是我在他的面前无法快乐。就算脸上有再多的笑，眉间眼角也藏不住心里的苦。

生活就像摄影，没有不好看的模特，只有没找对的角度。一个阳光和煦的下午，许多人在排队等着脱单，也有人在等着恢单。不论是哪一种，都是开始一种更好的关系模式，就像摄影师找到一个更美的角度。

回到家，娃对我说：“真好，你又多了一个朋友。”

日子依旧滑过，眉心的“川”字不知何时消失了。身体上一些莫名的小问题也无影踪了。从来都偏低的 BMI 指数，竟然也达标了。

饮食结构依然是大比例生食的低脂全蔬食，早睡早起也是一个重要因素，但至少，我可以随心所欲地早睡早起了。

再次带着娃三人出游时，感觉到久违的轻松。

猫街的街头立着两只又肥又萌的猫，我们抢着与猫合影，没心没肺像孩童。我们在鼓浪屿的夜色中漫步，在海边吹着冷风等日出。白细的沙滩上，清晨的阳光把我的影子拉得好长。

他用相机定格了这长长的影子。人还是那个人，相机还是那个相机，我却又能在镜头中看见自己的美丽了。

朋友读过这篇文章说：“我先生前天在喜宴上见到你，说你如少女一样。”

人生不短不长，愿你我都无恙，眼里能写故事，眉间不留沧桑。

红烧土豆

红小扁豆烧土豆，简称“红烧土豆”，就一个字儿：鲜。

按照“不是蒸蛋”“不是番茄蛋汤”的思路，大伙给了这道菜一个昵称：“不是牛腩。”

有朋友说，只加了盐作调料，却完完全全吃出了同款“牛肉炖土豆”的感觉，不能太好吃。余下的磨了些黑胡椒，作为夜班的便当，不能太赞。

另一位朋友说，做这道菜时，家里的狗狗闻到香味表现得异常兴奋，分了些给它，很满足地吃光光了。这是一只吃素的狗狗，主人说，大概是馋肉味儿了……

吃过这一道会发现，土豆焖牛腩其实没什么意思。

食材

主角：土豆、红小扁豆、干花菇。

客串：盐。

用新鲜的花菇或香菇大概也可以的，当然干品会更香。

看图，做美食

❶ 处理食材：

（1）干花菇洗净，清水泡发至可以切得动（约需半小时）。去掉脚部黑色部分，切成小块。

（2）红小扁豆泡半小时倒去水（不泡也可以）。

（3）土豆去皮切成喜欢的大小，不要太厚，难熟。

❷ 所有食材全部放入锅，加入泡菇的水，添加适量清水，大火煮开后转小火。

这道菜可以做到没有汤，干焖的效果，所以水不要放太多，基本没过食材即可，若中途水不够，可以添加开水。留有少许汤也可以，汤非常鲜。喜欢的话，可以加些桂皮、八角、香叶等香料一起煮。

❸ 煮至食材软熟，加入少许盐调味，关火。可以磨些黑胡椒，增添风味。

❹ 其实不吃白米白面很容易，这一碗也可以当饭吃了。

花菇爱豆腐

豆腐本身清淡，最擅长吸收周围的味道。

花菇是很容易制造鲜香味的食材，搅碎后味道更释放得淋漓尽致。

若有缘相遇，便成就彼此。

不用豆腐，就是一道极鲜美的花菇羹。

食材

主角：豆腐、干花菇。

客串：盐。

选择自己喜欢的豆腐，这里用嫩滑的豆腐较佳。

看图，做美食

❶ 花菇洗净，用清水泡软后，切去脚部黑色部分。

❷ 把花菇连同泡菇的水一起煮熟，连菇带汤放入料理机，加少许盐，启动机器稍微搅碎，倒入锅里。

如泡菇水不够，适量添加，水不要太多，以免味道变淡。不要搅拌太久变成浆了，只要花菇变成碎粒即可。

❸ 往花菇碎里放入切成小块的豆腐，煮开一会儿即可，尝味道是否还需要加盐。

如果汤太稠，适量加水至够煮豆腐即可。

❹ 咸香系，少许盐带出菇鲜味，一吃就停不下来，喜欢黑胡椒可以磨些上去。

我会一直等你

好不容易安排好的约会，朋友一条微信告知："我有事，改期。"有了手机，可以随时告知对方，因为这，因为那，我要迟到，我要取消约会。好像只要尽到告知义务，就算履约了。

武侠小说里，动不动就三年之约、十年之约，这中间彼此没有联系，到了约定之日，登上山顶，白衣飘飘的对手早已等在那里。

在没有手机没有网络，连固定电话都未普及的年代，唯有邮差送来的书信能传递思念，信里的每一个约定，我们都视若珍宝。车站的一块留言小黑板，也能让我们找到彼此。

发明手机的初心，一定不是为取消约会提供方便。没有人会期待熟悉的铃声送来失望。还好，总会有人为你守着一份约定。

Frank 在中国教英语时，我是他最后一个班的学生。我很喜欢上 Frank 的课，他的课不只是学英语，更多是感知爱。

Frank 回美国前，我们一起吃了道别的午餐。回去的路上，街上一处屋檐滴下水来，他轻轻拉我避开，温柔地看着我说：You are sweet.

我以为，此次一别，今生不会再见了，毕竟 Frank 已经七十多岁了。

没想到数年后的一个夏天，八十多岁的他独自飞越太平洋，来到了我的城市。他说这是他送给自己的生日礼物。

久别重逢依然无话不谈。第二天我们在电话里约定再次见面，待他午休后给我打电话，我去他的住处找他。

估计午休时间已过，我还没有等到他的电话，就想着先坐车去附近。可是刚一下车，就听到 Frank 大声叫我的名字。

我问，你为何在这里？他说，我一直在这里等你。

原来，我俩的听力都不好，误解了对方的意思。我问他要不要睡个午觉，他说比起睡午觉，我更想早点见到你。他听力不好是因为上了年纪，我听力不好是因为太多年没用英语了。

我问，你等不到我，为什么不给我打电话？Frank 说：你说了要来的，我就会等你。

就这样，一位年近九十的老人，在马路边站着等了两小时，盯着来来往往的车辆，期待着下一辆车里走出自己想见的人。

这些事，我觉得我能记着一辈子。

同样的，如果我说，我等你。那我是真的在说，我会一直等你，直到等到你。

白玉狮子头

关于菜名，我们讨论了许久。

我：如果叫狮子头，菜名中又出现了动物。

娃：那还有猴头菇呢?

我：也是啊，肯定没人想吃狮子。不过，有白色的狮子吗?

娃：古建筑门口蹲着的狮子不就是白色的?

我：为啥要给自己这么多限制，我真是想多了。

写到这儿，去百度了下，原来真的有白狮子！做个菜，还能学习动物知识。

能不能用别的面粉代替？肯定是可以的，也肯定是别的味道。

食材

主角：金针菇、鹰嘴豆面粉、莜麦面粉。

客串：盐。

有朋友说，没有这两种粉，用了黑小麦全麦粉，做出来自己都惊到了，好有嚼劲，好像牛肉丸，只放了一点盐，都很够味。

看图，做美食

1. 金针菇洗净切细碎，加适量盐拌匀。依自己口味，盐可以略多一点点，后面还要加粉。

2. 加入适量的鹰嘴豆粉拌匀。

   粉的多少无须精确，所有的菇都粘了许多粉就可以了，清洗后的食材带着水分，加入豆粉后变得黏糊起来，但不能捏成形状。

3. 加入少许莜面粉拌匀，再轻轻拢成一个个乒乓球大小的团子。不用担心团子松散，蒸熟后会变紧实。

   可以一边加入粉搅匀，一边用手试捏，加到有足够黏性能成形就行了。做到中途如果手沾满了食材影响操作，可以洗净手抹干再继续。

4. 蒸锅水烧开后，在蒸格上铺上一块蒸布，将所有团子摆上，大火蒸熟，约需五六分钟。

   见团子略有开口，或用筷子夹一块试吃，熟了即可。不要蒸太久，不然团子可能会趴下变形，但不太影响味道。

5. 用铲或勺盛于盘中。也可以放入各种汤里，比如番茄汤，味道和色彩都挺搭配的。

向着爱的方向走

爱的故事，从一部不记得名字的电影说起。

外星人入侵了地球，所到之处，毁为废墟。全球各国首脑召开紧急会议，却是一筹莫展，毫无应对措施。最顶尖的科技在外星人面前，全都不堪一击。眼看着整个星球将要被侵占，世界末日将临，不论高官平民，富贵贫贱，皆各自逃命。

一位俊俏少年在逃离时，发现不见了奶奶。眼看外星人步步逼近，想到奶奶还不知去向，少年不顾危险，毅然折返回屋。推开房门，看见奶奶正坐于桌前，面带笑容，似乎完全不知危险临近。少年大声呼叫，奶奶却毫无反应，原来，奶奶戴着耳机在听音乐。

此时，一个庞然怪物已破墙而入，人类弱小的生命，即将如蝼蚁被踏。

少年急步冲向奶奶，不小心绊到了一根线，突然间，屋内响起悠扬的乐声，原来，奶奶的耳机线被扯掉了。还未回过神来，却见刚才耀武扬威的外星人像被点了穴一般，突然没了威力，紧接着，竟猝然倒地。

奶奶还在发愣，少年已然顿悟：是音乐！一切高科技武器无法镇压的外星人，竟被美妙的音乐击垮了。

消息传出，全球效仿，乐声响起，外敌倒下，家园平安。

电影看到这一刻时，分外感动。每一个抉择面前，哪怕是生死抉择，不必思考向左走还是向右走，只需要记住，向着爱的方向走。

“9 · 11”事件当日，一位在双子楼工作的男子早上出门上班前，家中小女儿突然哭闹不止，这位父亲不忍丢下女儿，便向公司请假一天，就此躲过了那场灾祸。

这样的例子很多，我想并不是巧合。

一切境，随心转。

把爱视为束缚牵绊，便收获束缚牵绊。把爱视为幸福吉祥，便收获幸福吉祥。

翡翠白莲

有一天，娃尝了好吃的菜，感叹说：“要是相机能记录味道就好了！”

是啊，美好的东西，我们总希望能够留住。相机终归不能记录一切，或许，最美好的那些，自然会长存在心里。

一道菜肴，我能给的只有图文。更多的美好，都流淌在您的时光中。

一池沁人心脾的碧绿，一份简单纯净的美味。

食材

主角：去芯干白莲子、菠菜。

客串：盐。

看图，做美食

1. 将莲子放入电压力锅，加少许水，刚没过莲子即可，用煮粥或煮汤等功能煮熟。干莲子煮前无须浸泡。

2. 莲子煮熟后开锅备用。

好的莲子很加分，这次用的湖北洪湖水乡的有机莲子，开锅后惊了一下，白胖胖地挤在一起，直接放嘴里也一颗颗吃到停不下来。

3. 锅里水烧开，放入菠菜快速焯一下捞出。

4. 将几勺莲子、数根菠菜、少许煮莲子的汤、少许盐，用大功率料理机搅拌成细腻的羹，倒入盘中，放上余下的莲子即成。

羹的稠度以倒入盘中刚好能流淌水平为佳。莲子增稠，菠菜增绿，可先以少分量食材搅拌，再调整至满意的色泽和稠度。如莲子汤不够则加洁净能喝的水。

焯好的菠菜如用不完可以直接吃，或拌些有机酱油、苹果醋，也是很美味的。

非常杂蔬

一位名叫 Summer 的朋友在这道菜后的留言深深感动了我：

今天这道菜，我几乎是哭着吃完的，不是高兴也不是喜悦，是因为委屈！

自己就好像是这道菜一样，其貌不扬、不被人接受！但所有的味、所有的好都在里面！

当我自己吃完满满一大锅的时候，我的心平静了！

不管别人爱与不爱，我不还是我自己吗？就这样静静地待在这里！不求、不祈，你来，我让你尝到所有；你不来，我就独享自己的狂欢！

最后总结：把注意力和能量收回到自己的身上，做好自己，不要再委屈自己，去求得外在的认可！

平常外表，非常味道。

食材

主角：土豆、胡萝卜、银丝王白菜、豆腐干、黑木耳、生核桃。

客串：盐、赤味噌。

蔬菜可以用其他自己喜欢的，比如大白菜、娃娃菜、香菇、西兰花（花椰菜）等都适合。

看图，做美食

1. 土豆与胡萝卜去皮切成约半厘米厚的片；木耳泡发洗净。

2. 蒸锅水开后，将食材直接放于蒸格上蒸至半熟，约需三五分钟。

   有几次朋友问起，为什么不直接煮？与其我说得不清不楚，不如亲自体验吧。

3. 豆腐干切成块，白菜掰成适合的大小，铺在土豆胡萝卜上面，继续蒸至所有食材全熟。约需三五分钟。

   豆腐干蒸过之后会有许多孔洞，松软好吃。也可以用冻豆腐干，别有风味。将豆腐干切块放在冰箱冷冻一晚，取出解冻即可。

4. 取几片熟土豆、几颗生核桃肉，加少许洁净能喝的水、少许盐，用大功率料理机打成浆倒入锅中。

   可以先少量加水搅拌，倒入锅后，再加一些水清洗粘在杯子里的浆，倒入锅中，调整到像浓汤的浓度。

5. 加入一勺有机赤味噌，一边小火加热浓汤，一边用勺按压搅拌让味噌化开。

   如果没有料理机做浓汤，不妨试试将这些蒸熟的菜，用喜欢的酱，比如豆瓣酱、味噌酱等炒匀亦可。

6. 将蒸熟的菜全部放入浓汤，拌匀即可。

   加入浓汤，味道变得不一样了。好像平静的日子里，突然闯入了爱情。

比起做沙拉酱，我更会讲故事

素愫姐，怎么做纯素沙拉酱？

这……首先，什么是沙拉？我曾经一度陷入迷茫。为此我查过词典，但除了确认沙拉就是 salad 之外，并没有新的收获。

生的菜拌在一起吗？但是熟的也可以有啊！

于是我向一个中文讲得特别好的德国小伙子打听。他说，沙拉就是蔬菜、水果等放一起。我说那鸡肉沙拉又怎讲？他说，那是他们乱来的，沙拉必须是素的。小伙子纯素食多年，我不确认他说的话，是否带有个人感情色彩。

Frank 来中国时，我曾带他去吃素食自助餐。我拿了许多生菜叶子，没有要沙拉酱。Frank 说，你这是 Honeymoon salad(蜜月沙拉)。咋回事，一盘生菜叶子为什么要叫沙拉，而且还是蜜月沙拉？

Frank 微微笑着解释：光吃生菜不要酱，就是“lettuce alone", 与“let us alone" 谐音。我懂了，就是二人世界的意思。但是对沙拉的概念，我越发迷糊了。

一些沙拉专营店受到白领们的欢迎，被认为是比较健康、低热量的用餐选择。素菜的比例比较大，还有许多水果可供选择。但是，若沙拉酱有较多的油和糖，就给健康减分了。

经过很长时间的观察琢磨，最后我自以为是地如此定义沙拉：将能生吃的或单独弄熟的食材（通常是干的，没有汤汁），混合摆放在一个容器里。

比如，将土豆和胡萝卜放在一锅弄熟，那是中国菜，土豆炒/焖/炖……胡萝卜。将土豆和胡萝卜分别弄熟，然后摆放在一起，那是土豆胡萝卜沙拉。

就像两个人的相处，有你侬我侬的亲密无间，也有各自独立的相互守望。

没有交融过的味道，没有环绕着的汤汁，再丰盛的沙拉，也有些冷清寂寥。于是，我似乎懂得了沙拉酱的意义。

温柔缠绕着食材的沙拉酱，就如丝丝碎碎的蜜语情话，补偿着那些不能相拥缠绵的相思时光。

认识二十五年的大哥说，我现在开始吃素啦！啥都好，楼下就有卖有机菜的，唯一的问题就是超市的沙拉酱添加剂太多，你教教我怎么自己做。

我说，好啊，你赞助我一个手持搅拌机，我保证给你研发出一个超简单超好吃的套路！

于是，我拥有了一个手持搅拌机。现在，我认识大哥已经二十七年了。搅拌机也用旧了。我依然没有用它做出一款沙拉酱。因为后来我发现，根本不需要研发，沙拉酱无处不在。

有一天在吃果蔬昔时，我突然觉得自己在吃沙拉酱。对，我说的是“吃”果蔬昔，不是喝。因为我喜欢比较稠的，这样才吃得舒服，吃得饱。

有些餐厅的沙拉酱会用豆腐和油盐糖等调制，就是取豆腐的黏稠、油的顺滑，再调和甜、咸、酸等味道。不用油和糖，我们可以用随手可得的健康食材达成想要的质感和味道。

我的果蔬昔搭配通常是一款水果 + 一款蔬菜 + 生亚麻籽。亚麻籽可以很黏稠，香蕉也可以很黏稠。如果今天这款果蔬昔好吃，那么调整到适合的稠度，它也能胜任沙拉酱。当然，颜色也是要考量下的。

有简单到极致的比如纯芒果昔，配面包、配水果沙拉都是极佳的，颜色漂亮不易氧化变色，堪称优秀。

今天这道非常杂蔬最后一步的浓汤，若不加味噌，就可以做成一道菜：土豆核桃浓汤，也可以是一款咸香系的沙拉酱。

所以，健康又好吃的果蔬昔和浓汤，调整到适合的稠度，我们就给它命名：纯素无添加的沙拉酱。

故事结束了，沙拉酱的世界，永无止境。

海带杏鲍菇汤

感恩大自然的馈赠。

食材

主角：干海带、杏鲍菇、红枣（可选）。

好的海带厚实、洁净、面上带有白霜。若质量不佳有沙则需要清洗，也就没那么香了。

看图，做美食

❶ 干海带不用清洗，剪成大块。蒸锅水开后放上去蒸软，约二十分钟。

一众读者质疑海带没有洗，有朋友出来救场："大家不用质疑愫仙儿处理干海带的方法，当年渔民朋友送我很多海带，千叮咛万嘱咐：一定一定不要洗！直接上锅蒸！蒸二十分钟左右再泡！和仙厨的做法是一样一样的！"

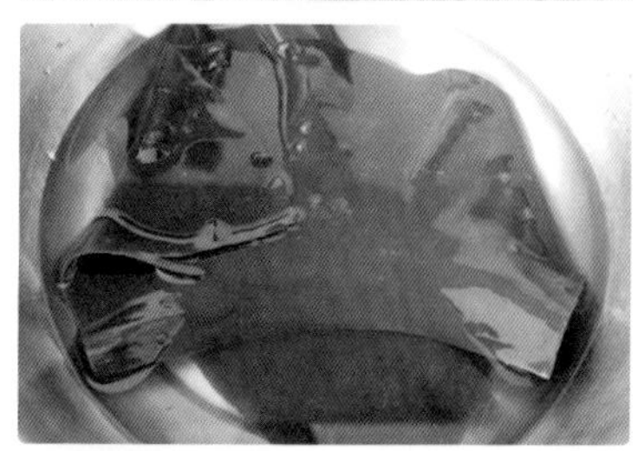

❷ 用适量洁净能喝的水，将蒸软的海带泡至饱满，约需一两小时。

❸ 将泡海带的水放进锅，海带切成适合的大小，杏鲍菇切成梳齿片状，红枣去核，一起煮熟即可。煮几分钟就可以了。

若泡海带的水不够，添加清水。将杏鲍菇纵向切成两半，在菇背上纵向切几条，但不切到底，再横切成片即成梳齿片状。易出味，口感好，还漂亮。

❹ 可以不用盐，已经很鲜了。海带和杏鲍菇是咸鲜系，加些红枣的甜味平衡，正好。

豆笋蒸杏鲍菇

妈妈最初是极力反对素食的，后来渐渐接受素食理念，但和亲友聚餐时也不拒绝少量吃一些肉。那时候她说不愿意看我分享关于爱护动物的资讯。

不愿意面对的，往往是会触动我们内心的。不然，我们尽可以视若无睹。

有一次我煮了一锅豆笋，拍照发给我妈。她说，这一截截的太像猪肠，我看不下去……

这时的妈妈已经是纯素食者了。

这时，我们吃素不再是因为恐惧疾病，而是因为爱。

豆笋是四川特产豆制品，可以变幻出无数美食。

食材

主角：黄豆笋、杏鲍菇。

客串：盐。

看图，做美食

1 将豆笋从中间折断，用清水泡软，约需两小时。

不同的豆笋，浸泡所需时间也许不同，可自己尝试。

2 将每段豆笋再切成两段。杏鲍菇切成与豆笋差不多长的丝，填进豆笋的空间里，抹少许盐在菇丝上。

可以尽量填多一点菇丝，堆高一些都可以，菇熟后会缩水。

3 将填好的豆笋放入盘中，蒸锅水开后，放入蒸熟，约需六七分钟。

用不完的菇丝，可以全部放进盘中，堆在豆笋的上面，撒少许盐，一起蒸熟。菇很易熟，豆笋蒸多久与浸泡时间长短有关。

4 趁热的时候吃，要小心中间的汁烫嘴，汤也是非常鲜的。放凉了可能变硬，可以再蒸热。

我有所念人，隔在远远乡

曾经，独自在灯下读一本书。

作者写他在北大荒的时候，春节时所有人都走了，自己一个人留守。大年三十的晚上，独自坐在冷冷清清空空荡荡的屋子里，就连跑出来一只老鼠，都能让自己感到一丝温暖。

我竟然有些向往这种体验。于是接下来的春节，独坐宿舍的我经历了一次极致的孤独。

明明还是同样的一个人，明明还是坐在同样的房间，就因为是佳节，孤单寂寞就会成倍地疯长。倘若此时心里还惦记一个人，孤单寂寞会长成无边的海，把自己淹没。

“我有所念人，隔在远远乡；我有所感事，结在深深肠。”白居易的《夜雨》，能读懂的大概都是亲历过的人。

“况此残灯夜，独宿在空堂。” 这种体验，我绝不想再来第二次。

于是第二年春节，我早早就买好了机票，大年三十飞到了厦门。年初一表姐陪我去了南普陀和鼓浪屿，年初二她上班了，我独自走在这美丽城市中。

春节前一段时间，我的眼睛就开始视物模糊，本以为是工作疲惫引起的暂时现象，可是到厦门休假后，并未见有好转。每天早上起来能清晰一小会儿，然后就连街面的招牌大字也看不清了。开始各种胡思乱想，会不会是脑子里长了瘤，会不会有一天就失明了。

那时候，身体常有各种不适，而每次生病都能把我带进无边的焦虑和恐慌。

大年初三，我独自一人乘坐渡船再次去了鼓浪屿。眼睛看不清便会感觉晕眩，手里的船票也因握不稳而掉进了水中。小小的日光岩上，欢乐的人群和灿烂的阳光衬得我的心情越发灰暗。

从厦门回来后，在一位好友的鼓励下，我才终于有勇气去了医院。不去眼科，直奔脑科，要求医生给我做头部 CT 扫描。扫描结果显示我的大脑与常人无异。此前那些猜测纯属自我恐吓。

后来，妈妈坐火车赶来照顾了我一个多月，我的身体渐渐恢复了。想来此前视物模糊是气血不足引起的。

对身体的伤害，除了不可控的外在因素，主观因素我想主要有这些：吃不健康的食物、做不快乐的工作、面对不喜欢的人。

回想我当年的生活，符合以上所有。时光流淌近二十年，后来的我终于学会了爱自己。

我只吃真正健康的美食，只做真正快乐的事情，只见真正喜欢的人。

当我不再按别人设计好的流程来生活，便也不会因别人的热闹而冷清。我常常记不起节假日，因为每一天都是最好的一天。

花半天时间写好一副蹩脚的春联，然后用不到半小时做一顿成本五元钱的年夜饭。在春晚的喧闹中，坐在被窝里用手机学英语。别人忙着走亲访友发抢红包的时候，我独自安静地拍摄应节的菜谱。

美食从我镜头中走过，因你们爱的演绎，活色生香于天南海北的餐桌。隔在远远乡，我有所念人。这分明已是幸福滋味。

茴香豆泥

素未谋面的朋友不顾我再三推辞，执意从大连给我寄来新鲜茴香。

对于生活在南方的我，茴香是陌生的，却依然想努力尝试一个菜谱，才对得起这份礼物。

没有时间供我慢慢琢磨，半天内试了八个版本，幸运的，有一款还能打动我心。

制作拍摄之后，余下的茴香，我包了饺子。把老豆腐捏碎，茴香切碎拌匀即可，依个人口味可加盐。

娃不是很习惯茴香的味道，但不论什么食物，只要包成饺子，他便甚是兴奋。

朋友说："我本想着寄给你让你幸福地吃呢，你却又奉献给菜谱了，也许这样的你才是更幸福的吧。"

鹰嘴豆泥超好吃，为什么一定要有茴香呢？可是有了茴香，我能吃出幸福啊。

食材

主角：鹰嘴豆（一小碗）、茴香（数根）。

客串：盐（可选）。

看图，做美食

1. 鹰嘴豆泡大半日，倒掉水清洗，放入锅内，加少量水煮至软熟。

   高压锅煮至阀门冒蒸汽后转小火煮十来分钟，或用电压力锅，只需通电按煮饭键即可。

2. 煮熟的豆放入大功率料理机，加适量煮豆水、适量茴香（洗净折成小段）、一小撮盐，一起搅拌成泥（无须加热）。

   如喜清淡，盐可省。豆、茴香、水的比例，依自己对茴香味浓淡的期望、豆泥的稠度灵活把握。可以先少加水和茴香，再适量添加调整。

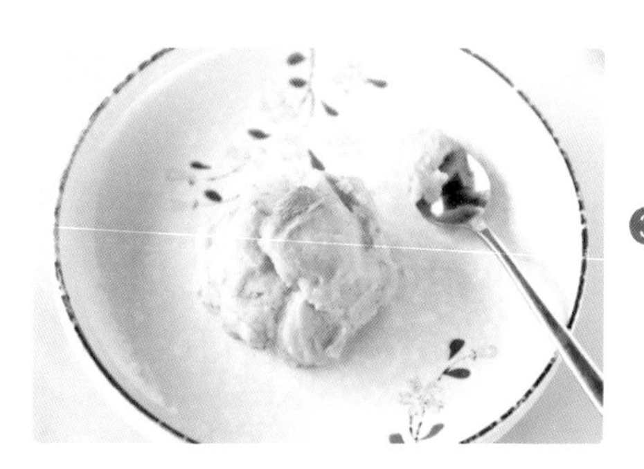

3. 将豆泥舀在盘里享用。如果想吃热一点的，放在蒸锅里蒸一会儿。

你所有的张牙舞爪，都在表白“你爱我”

有句话说，最好的爱情，是势均力敌。就像世人眼中的钱钟书与杨绛，金庸笔下的靖哥哥与蓉儿，还有舒婷的诗《致橡树》。

其实我们都期望势均力敌，只是用什么方式来达到与对方一致的高度。

在还没想谈恋爱的年纪，有一个关系尚好的男生特意跑来找我，郑重地说要跟我聊一聊。他说，有一个研究生毕业的女生，跟单位男同事相处的时候，总在讲她的高深知识，这位男同事对她敬而远之，却很喜欢跟另一个只有初中学历做打字员的女孩相处。因为那个打字员女孩，不论男同事说什么，都不多发表言论，只是一脸崇拜地望着他。

我认真地听着故事，问对方，然后呢？他很真诚地说，我就是劝你……

我听懂了，为了让我拥有更好的异性缘，他认真编了一个故事，就像我们跟孩子讲寓言故事一样。

我不记得当时我有没有回应，若放在现在，一定要我回应，我会这样说：首先，我不认为所有的女硕士都会如你描述的那样，目空一切，不分对象卖弄学识。真正有学识的人，也会是谦卑亲和的。

再者，她的男同事跟她不在同一层次，选择初中生做伴侣是他的自由。女硕士想必也有和自己旗鼓相当的人，不必劳你费心，她嫁不嫁得出。

萝卜白菜各有所爱，你可以选择开 Polo，但不能要求把奔驰用 Polo 价卖给你。

如果爱情是一场角逐，让对方放慢脚步，可能比自己努力跟上，要容易许多。于是就有了矛盾。一个要进步，一个要阻拦。在这拉扯纠缠中，爱情渐渐褪去了颜色。

消磨爱情的不是时光，不是相爱容易相处难，而是我们内心的种种。比如，缺乏安全感。

有些时候，我们对伴侣的期望是苛刻又纠结的，既不想对方止步不前被岁月烟火熏黄了脸，又怕对方超凡脱俗飞得太高太远。

让自己变得更优秀，可能会增加内心的安全感，但未必一定成正比。毕竟，“更优秀”永无止境。因为爱得太深，太在乎，有时候对方一句不经意的话，都能刺激到自己的敏感神经，启动强烈的不安全感。

害怕失去爱的恐惧掌控了我们。因为恐惧，我们失去理智，忘记了温柔;我们强词夺理，放弃了逻辑。

不只是爱情，亲情友情也会如此。

有一天我突然看懂，你所有的张牙舞爪，原来都是在表白“你爱我”。再想起过往的种种胡搅蛮缠，竟也觉得这般可爱。

想想自己，也有张牙舞爪的时候。可是我知道，这样的表白，对方往往不懂。

还是简单一点，好好说话，彼此温柔。

白菜豆干炒藜麦

吾友钟情藜麦，在外面餐馆却总是不能吃得过瘾，通常都是一碗粥里丢了几粒，一盘沙拉里拌了少许。明明藜麦是可以当主食吃饱的。

今天做一碗踏踏实实的中国风炒藜麦。当然，也可以炒饭炒面。

藜麦富含蛋白质，升糖指数低，关键是好吃。

食材

主角：藜麦、豆腐干、银丝王白菜、香菇。

客串：盐、有机姜黄粉（可选）、黑胡椒（可选）。

藜麦用灰白色或三色的都可以。银丝王白菜是一种很好吃的小棵白菜，也可以用大白菜或其他喜欢的蔬菜。

看图，做美食

1. 藜麦浸泡小半日，洗净。加适量水煮熟。若不是水分刚好焖干，就用网筛沥干水，备用。

   藜麦煮十多分钟就熟了。我喜欢用焖烧锅，煮开后焖二十来分钟，一颗颗很饱满。焖得越久，口感越软。这道菜可以不用太软，带点脆脆的口感更好。

2. 将切成小粒的香菇、白菜和豆干，放入锅里炒熟，加适量盐。

   这口煮汤的砂锅也能炒菜，就懒得搬笨重的大铁锅了。菜放入后，盖上锅盖，待锅盖上的几个小眼儿开始冒蒸汽，再开盖翻炒。若食材量多，可以先炒香菇白菜，再加入豆干。

3. 加入煮熟的藜麦，炒匀即可。

4. 加些姜黄粉，色彩变得亮丽起来。可以磨些黑胡椒碎，增添风味。

   姜黄性温，有抗炎、抗氧化等益处，但有胆囊疾病或其他相关禁忌者不要食用，并且要选择无污染的（比如有机姜黄粉）。

不必承诺爱我一辈子，那是我要做的事

听见你对我说："我会爱你一辈子。I promise."

我知道，这是你当下的美好心愿。倘若这是一个承诺，那么每一个当下，这个承诺都可能被打破。

因为，爱一个人，是不能被自己掌控的。你最初爱上我的时候，一定不是我要求你的，也不是你努力拼搏而做到的。

你是在不知不觉中被我吸引，让我走进了你的心里。

我知道，人很难保持不变的热情去持续爱一样事物。我知道，每一刻的你都是新的你，每一刻的我都是新的我。

这一刻的你不可能知晓，下一刻的你是否还爱着我。

但是我知道，我可以一直爱我自己，并且尽量让自己成为能一直吸引你、一直住在你心里的人。

就像我不停地做新的菜。每道菜用心品尝、反复试验，创造极致的味道；精心摆盘，认真取景，呈现极简的姿态。就是为了有一天，你在人群中偶然回眸，不小心多看了一眼，从此爱上了蔬食。

所以，不必承诺爱我一辈子。因为，那是我要做的事情。

当你爱着我的时候，你的内心是温暖和幸福的。

我希望你一直拥有这份温暖和幸福。因此，我会一直做真正的自己，而不会为了迎合你，去违背自己的信念。

与此同时，我会尊重你与我不一样的习惯，甚至可以建立新的习惯，来与你更合拍。

当我被你误解时，我不会抱怨。我会勇于并且善于表达我自己，来拨开误解。

冰释前嫌，是春风拂面的温暖。

我希望你一直拥有这份温暖和幸福。因此，我会一直做独立的自己，而不会依赖你，不论工作、生活还是情感。

与此同时，我会深深地依恋你。面对压力、委屈、不快时，我会向你倾诉，而且会告诉你，我只是在表达情绪，你不必着急为我想解决方案。

你温柔的聆听，可以帮助我提升内心的能量。然后，我又重新焕发神采，世上本就没有难题。

重振能量，是夏花绽放的绚丽。

我希望你一直拥有这份温暖和幸福。因此，我会一直爱自己，而不仅仅是为了取悦你。

我愉悦自己的身心，清爽自己的容颜，洁净自己的住所，都是为了更好的我自己。毋庸置疑，你也会更爱这样的我。

呵护自己，是秋日硕果的丰盛。

我希望你一直拥有这份温暖和幸福。因此，我的爱会一直守护着你，不论你远行还是驻足。

因为，你有你独特的旅程要去完成，而我也会在我的旅程中，体验本自具足，懂得爱的自由。

静静守护，是寂静冬日的执着。

我会让你爱我一辈子。I promise.

双色萝卜团

刚参加工作时，单位食堂的肉越来越少，打饭群众面有怨色，食堂师傅说：鱼生火，肉生痰，青菜萝卜保平安！

食堂师傅是对的。我娃小时候也会和许多孩子一样，感冒好了后，喉咙还不干净，持续好久。各种食疗试来试去，发现能吃的似乎只剩下素食，我就干脆给他做了一星期全素菜，喉咙果然清爽了！

再后来，回过神来，原来我们不只可以吃一星期素，我们还可以一直吃素。

然后，就一直清爽。

然后，还发现越来越多好吃的。

姜黄粉，我主要是喜它的颜色，偶尔用一些，点亮心情。

食材

主角：白萝卜、生青稞面粉。

客串：盐、有机姜黄粉、黑胡椒（可选）。

可以尝试用其他杂粮面粉。家里食材有限，我就不多试了。

看图，做美食

❶ 白萝卜去皮，用擦丝板擦成细丝。加入适量盐拌匀。

❷ 一边往萝卜丝中加入生青稞面粉，一边用手稍用力捏匀。

不需要加水，萝卜本身有水分，会与粉黏合，粉加到能黏成团子即可。有朋友说萝卜出水太多，导致一直要加粉。可以将水滗去，另外萝卜丝不需要擦得太细，以免出水过多。

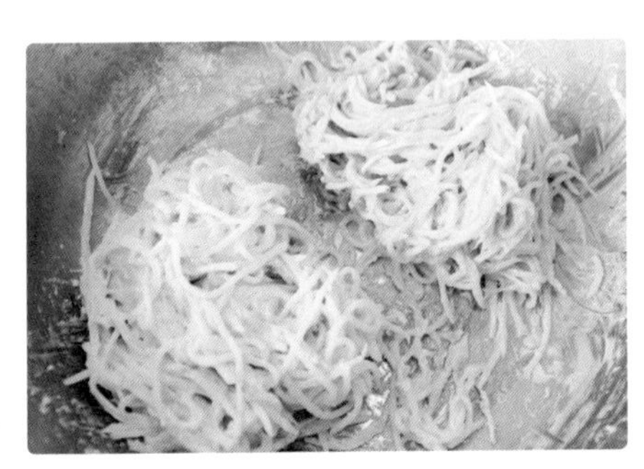

❸ 拨出一半的萝卜丝，磨些黑胡椒碎拌匀；另一半加入少许姜黄粉轻轻捏匀。

黑胡椒很能提味，不喜欢就省去。我也省了，就是想拍出一个纯白的团子。姜黄粉味道比较特别，不要放太多，要选择安全无污染的（比如有机姜黄粉）。注意有胆囊疾病或相关禁忌者不宜食用姜黄。

❹ 抓一团萝卜丝，在掌心轻轻团成团子，放入盘中。蒸锅里水开后，放入蒸熟。

大约七八分钟就熟了，时间灵活掌握，蒸久一些，更软一些。

你失恋的样子，那么美

昨天还商量着新家的家具，今天电话里突然淡淡一句说:“我们做朋友吧，我要回到她身边。”

电视剧都编不出的狗血剧情，不偏不倚地砸在自己身上。这种晴天霹雳式的失恋有多痛，不知用哪个词形容才算贴切。撕心裂肺，抑或是剥皮拆骨?

可是说到剥皮拆骨，我分明想到的是，那只被活着扒光了皮的浣熊，奄奄一息，回头看着自己没有皮的身体。

想到这画面，泪眼婆娑如鲠在喉。别把自己的快乐，建筑在其他生命的痛苦上。皮草于你我，只是一件可有可无的衣服，于他们，却是整个生命。

说到撕心裂肺，我分明想到的是，肉菜市场整齐悬挂着的猪肚猪肝猪心猪肺。“君子远庖厨”，现代人远离屠宰场，我们听不见看不见，不代表那撕心裂肺的痛和哀号不存在。

再痛的失恋，也痛不过世间如此种种的生命之殇。至少，心爱的他还安好。至少，和他还在同一时空。

爱是宇宙间最真实的存在，爱从不会消失。不过是换了一种相处的方式，借此机会，把目光从彼此身上抽离，重新投入到我们深爱的世界。

不是所有的关系都需要一个现成的定义，比如朋友、恋人抑或知己。就像我的菜，既不是粤菜，也不是别的什么菜。

它本就是无中生有。不曾模仿，不落俗套。只不过简单专注做自己。

结束恋情的方式许多种，在我看来最愚蠢的，就是自以为是的英雄主义。患了绝症或是生意破了产，就编一个“我从没爱过你”的谎言，甚至更蠢的是，直接玩起了失踪。

你以为，这样对方就会对你彻底死心，然后心无挂念开始新的恋情。真相是，没有直面结局的伤口，最难愈合。缝合创伤，我们需要一个告别仪式。

比起失去一个爱的人，更具毁灭性的是失去对爱本身的信念。善意的谎言是最高难度的技能，你我怕是掌握不来，还是真实面对来得容易。

长长久久的相爱，不是爱着对方，而是和对方一起，爱着这个世界。

翻开丰子恺的《万般滋味，都是生活》，先生有一段写得甚入我心：

“我以为世间人与人的关系，最自然合理的莫如朋友。君臣、父子、昆弟、夫妇之情，在十分自然合理的时候都不外乎是一种广义的友情。所以朋友之情，实在是一切人情的基础。‘朋，同类也’，并育于大地上的人，都是同类的朋友，共为大自然的儿女。”

往后，应更懂得如何去爱世间人，和世间一切的生命。

甜

甜蜜的，不只是恋爱
17 款 无糖甜品

写于第一本书《极简全蔬食》交稿之后

第一次这么久没更新公众号菜谱，真的太忙了。从七月份开始整理书稿，说好的交作业的日期又突然被提前，只有两个月时间可用。

于是整个暑假我的生存方式就是，除了买菜和遛娃，便是坐在餐桌边：前方电脑一堆工作等着要弄；左方客厅娃等着要陪；右方厨房菜等着要做；后方，后方是没有退路，头顶还轰鸣着装修的电钻声 ......

把工作内容切分成板块，每天都计算确认下，这个进度能否保证按期完工。每晚做完当天的任务，都小心地备份到一个大硬盘，生怕哪天手提电脑罢工，前功尽废。有时晚上头晕眼花时，眼泪无声奔涌而出，便又清醒过来。

学会哭也是很重要的，一个优秀的哭，不仅可以排毒、可以减压，还可以缓解视疲劳、提神醒脑。

这些日子，我经常哭。比如登录公众号收到这样的消息：

“很久没见您更新了，一切安好吗？我不是想要新菜谱，我只想知道您一切都好……”

“别太累了，身体是革命的本钱，虽然很爱您的食谱，但也希望您以身体健康为主……”

“素愫，许久未见你更新，是否遇上了什么困难，有什么需要帮忙的吗？”

我就一边哭一边回复消息，但有时登录不及时，超时的信息我就不能回复了。

还有这样的留言，本来都要去睡了的 ......

“楼下对面本有个五谷养生铺的，那是我最喜欢的地方之一。那里的五谷杂粮、昆布、紫菜、云耳和各种干货都很赞！无奈的是生意萧条！这次回去，就看到那间店倒闭了……炸鸡店在开业，人声鼎沸……素愫，此时此刻，我好想喝碗你的汤……”

终于，在台风“山竹”的狂啸声中，我写完了最后一段文字，又用了小半天压缩打包发完邮件。收到邮件的编辑老师说：“命令小仙女去休息放松下……”

这种绷到极限的状态，短期为之，是为磨炼，如果长期如此，就是玩命了。

我不想玩命，我想活出人生新高度，在低脂全蔬食的路上，等着更多美丽的遇见。

就在前些天，一位素食的朋友，因病昏迷进了重症监护室，朋友们都在为她祈祷，期待她平安。

或者，背后会有各种各样的声音。一个还未素食的人也许在想：不是天天说素食健康吗？幸好我没信你们的……

一个吃低脂全蔬食的人也许在想：素食吃得不健康，后果很严重啊……

我想说，把所有的健康问题都推到饮食上，是不妥的。不是我们吃素了，就必须貌美如仙、长生不老，否则，就没有资格说吃素更健康。

我们也会疲惫，我们也会憔悴，但是凭良心说，若是换了素食以前，在这样的体力脑力双重高压下，我早就倒下几回了。而现在，我只是瘦了点，除了吃纯净的食物，还收获几点感悟：

必须加班时，宁可早起，不要熬夜。道理你懂的。

压力山大时，切记“因上努力，果上随缘”。

状况突发时，相信“一切的发生都是最好的安排，一切最好的自然会发生”。

没人分担时，宠爱自己三大招：饿了就吃，困了就睡，痛了就哭——这不是我们刚出生时就有的境界么？简简单单，复归于婴儿。

好了，我们一起吃月饼吧。

金色年华小月饼

纯素、免烤、无糖、无油、无添加、无法抗拒诱惑。

有次我在火车上带的午餐是用双层饭盒装的，一层水果沙拉，一层小月饼，我打开饭盒开始吃的时候，旁边原本吵闹的小朋友突然安静了，一直紧盯着我的饼饼，我该咋办……

不想吃坚果，馅料可以换成香蕉泥、紫薯泥等。不喜欢甜味，咱把饺子馅儿弄熟，包进去，咸味系的，你们觉得可以吗？

这款月饼发出来后，我收到了无数份眼花缭乱的小月饼图片，各种颜色，各种造型，各种幸福！

娃说，比外面买的好吃！

食材

皮儿：鹰嘴豆。

馅儿：红枣、生核桃、生亚麻籽、生黑芝麻（可选）。

除了对生亚麻籽不耐受或有相关禁忌的人，一般人每天食用 50 克以内生亚麻籽是安全的。

看图，做美食

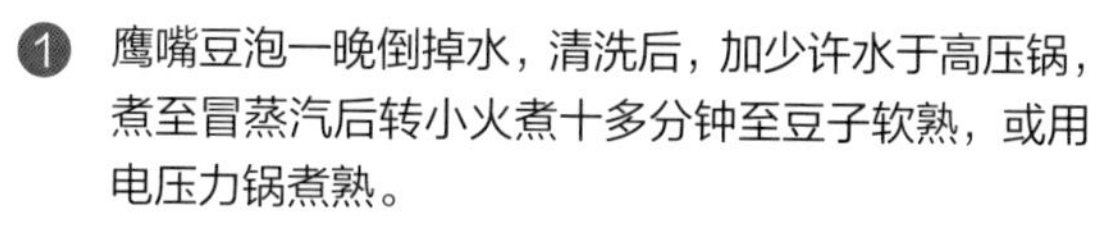

❶ 鹰嘴豆泡一晚倒掉水，清洗后，加少许水于高压锅，煮至冒蒸汽后转小火煮十多分钟至豆子软熟，或用电压力锅煮熟。

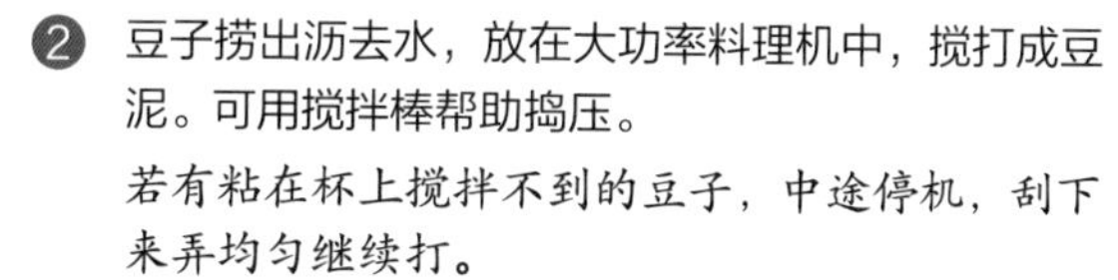

❷ 豆子捞出沥去水，放在大功率料理机中，搅打成豆泥。可用搅拌棒帮助捣压。

若有粘在杯上搅拌不到的豆子，中途停机，刮下来弄均匀继续打。

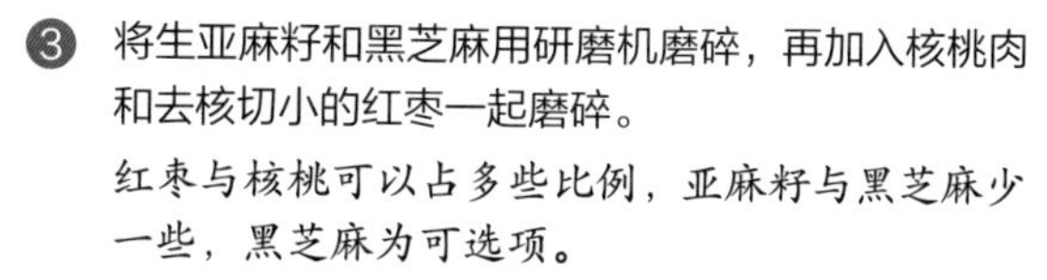

❸ 将生亚麻籽和黑芝麻用研磨机磨碎，再加入核桃肉和去核切小的红枣一起磨碎。

红枣与核桃可以占多些比例，亚麻籽与黑芝麻少一些，黑芝麻为可选项。

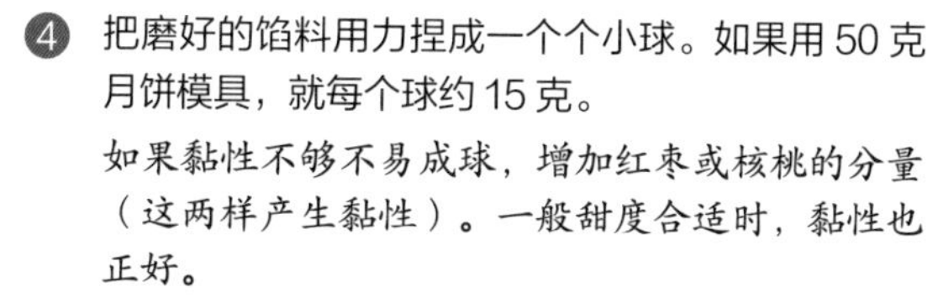

❹ 把磨好的馅料用力捏成一个个小球。如果用 50 克月饼模具，就每个球约 15 克。

如果黏性不够不易成球，增加红枣或核桃的分量（这两样产生黏性）。一般甜度合适时，黏性也正好。

❺ 取一些豆泥捏成光滑的球，每个 30 克，中间捏一个窝，把馅儿放进去，像包汤圆一样包圆，并整理光滑。

❻ 放入月饼模具，压实。

❼ 脱模，完工。

从第一步煮豆开始，我终于成功忍着没有偷吃，我是有多么自律才能做到？

绿果菜露

这是我跟周兆祥博士[1]拜师学艺而得，经过几年的实践，颇为喜欢，菜名依然用周博士的原名。

果菜露，我习惯说果蔬昔，是以水果和蔬菜加少量水搅拌细腻而成，不像榨汁要浪费果渣，是一种“全食物”的吃法。

做好的果菜露口感微温，不高于41摄氏度即可。冷天或从冰箱取出的食材，可加温水打制，有的料理机自带温控功能。可先用热水将碗烫洗再用来盛装，以免变凉。

我一般是“吃”果菜露，不是“喝”。稠一点口感好，也饱腹。仰天豪饮不可取，细嚼慢咽才能享受食物的恩赐。

1. 周兆祥博士：香港食生疗愈专家，著有《食生》《极简蔬果汁》。

果菜露的食材品种不要太杂，多了不利消化，简单的一果一蔬也足矣。

食材

主角：菠菜、熟透的香蕉。

客串：生亚麻籽/脱壳火麻仁/红枣等（均为可选项）。

纯素食者无须担心菠菜草酸的问题，如不喜生食菠菜，可用其他可生食的绿叶菜代替，味道较好的有油麦菜、生菜、莙荙菜（猪乸菜）等。注：豆角类不可生食。

看图，做美食

1. 把绿叶菜洗净。

有机或生态种植的蔬菜只需冲洗干净，其他的蔬菜我会放入兑了环保酵素的水中浸泡约四十分钟，再用流动的水将每片菜叶冲洗干净，控干水。可以用一个盘子压在菜上，让所有菜都浸泡在环保酵素水中。

2. 往大功率料理机中依次放入：剥皮的香蕉、折成小段的菜，再添加适量洁净能喝的常温水。

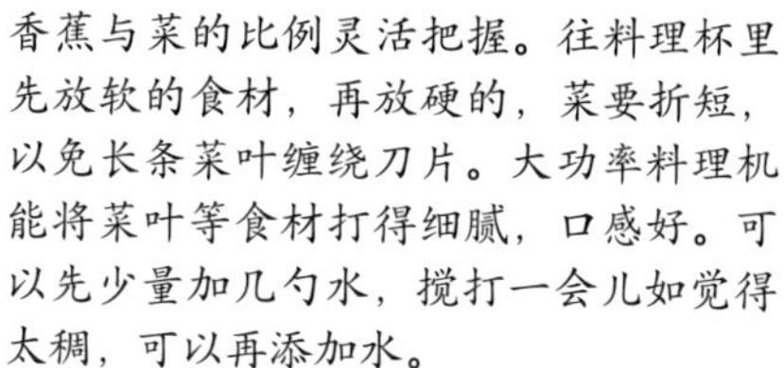

香蕉与菜的比例灵活把握。往料理杯里先放软的食材，再放硬的，菜要折短，以免长条菜叶缠绕刀片。大功率料理机能将菜叶等食材打得细腻，口感好。可以先少量加几勺水，搅打一会儿如觉得太稠，可以再添加水。

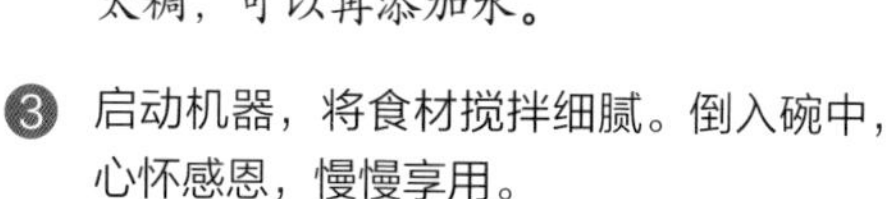

3. 启动机器，将食材搅拌细腻。倒入碗中，心怀感恩，慢慢享用。

在这个基础上，可灵活适量添加可选项：

生亚麻籽或脱壳火麻仁几小茶匙，补充Omega-3，并能增加稠度，更饱腹。除了对生亚麻籽不耐受或有相关禁忌的人，一般人每天食用50克以内生亚麻籽是安全的。

加几颗去核红枣可以增加甜度、健脾胃、增加食材温性。去皮生姜或肉桂粉等也能增加食材温性。

补血，我有绿叶菜

一说补血，大伙儿都想到一些红色的食物，我首先想到的是深绿色蔬菜。

话说从周博士的课上归来，我开始了一段时间的全生食，我娃大比例生食，我们每天至少吃一次绿果菜露。

约一年后，娃的体检单上血红蛋白为 135，一年前的此项指标是 125。

在这期间，我们没有吃任何的补剂和动物性食物，除了水果、生的绿叶菜、坚果等，熟食部分就是简单的纯素食，通常是我做菜谱剩下的。

这时候，娃说吃腻了绿果菜露，不肯吃了。于是娃的生食部分就只有水果没有蔬菜，而熟食部分也没多吃绿叶菜，这娃爱吃蒸土豆红薯什么的，正好我也懒得洗菜。

又一年体检单出来了，这次的血红蛋白又跌回之前的 125 了。

我意识到，娃吃的绿叶菜太少了，于是开始劝说他喝绿果菜露，可他坚决不干。我不再偷懒了，在他的熟食部分大量加入深绿色蔬菜，以粉蒸菜[1]为主。因为粉蒸菜口感柔软好吃，只需蒸几分钟，损失的营养少，加上菜大幅缩水，一餐可以吃进很多。这期间，有时也吃一些生的菜，比如麻酱味噌油麦菜[2]，娃也是很爱吃的。

又到一年体检，血红蛋白又回升到 135。当然这期间依然没有吃任何补剂和动物性食物。

连续四次体检报告，让我看到深绿色蔬菜的补血效果，而这其中的道理是啥呢。为此我请教了好友“余小虫虫”，他对消化道健康及营养学有相当

1&2. 做法详见《极简全蔬食》或微信公众号“素愫的厨房”。1 可参照其中的“红薯和红薯叶”做法。

深入的研究，我请他用“我能听懂”的语言解释一下。

简单地讲，叶绿素与血红蛋白的结构很相似，叶绿素与铁结合能生成血红蛋白，而维生素 C 能促进铁的吸收。

总结：叶绿素、铁、维生素 C 三样齐上阵有利补血。偏偏就有那么优秀的食材，同时含有这三样东西，那就是绿色蔬菜。

绿色越深，叶绿素越多，所以深绿色蔬菜更佳。叶绿素对光热敏感，所以生吃为佳。若做成果蔬昔要及时吃，不宜久放。若加热烹饪，时间不要过久，如果颜色变黄了，叶绿素就损失得差不多了。

维生素 C，当然也是受热会损失，好在从水果也能得到维生素 C。

这道极简的绿果菜露，能量满满。

再分享另一位朋友的经历。

她在十年前曾喝过几个月的果蔬昔，每次都从冰箱拿出水果直接打，喝冷的，直至身体寒凉，一吃水果就打喷嚏，狂流清涕，害怕之下，十年不敢吃水果！

最近见到许多人说果蔬昔的好，又再尝试，才发现不是水果的错，而是吃了太过冰凉的水果。按正确的吃法吃了一段时间，不仅没有打喷嚏流清涕，曾经一度低至 80 的血红蛋白，也爬升至接近正常。医生也诧异，问她吃了什么药效果这么好？

故事讲完了，仅为个人经历分享，如有疾病请寻求医生帮助，切勿因此放弃任何必要的医疗措施。饮食也需依个人身体状况灵活调整。

甜美爱恋

清晨六点半，突然有一阵冲动，拿起相机走进了厨房。不像平时拍菜谱要各种准备和张罗，花上至少半天专注的时间。

就这样简简单单地，被这一抹玫红惊艳了。

一种甜美少女心的感觉，图片有色差无法还原真相，取名“甜美爱恋”，以记录当时的心情。

尝一口，甜得很满足。

火龙果皮能吃？能，好吃着呢。

食材

主角：火龙果、香蕉。

火龙果用一个，香蕉用 1–2个，依香蕉大小和对甜度的需求。选成熟的火龙果和香蕉，或者买回家放至足够成熟。

看图，做果昔

❶ 不是有机火龙果，又懒得洗，我就削去了外面薄薄一层皮。

❷ 把余下的果皮剥下来。可以用刀在果皮上切几条线，就能轻松剥开。

❸ 把果皮和香蕉一起放入大功率料理机（破壁机），加很少洁净能喝的常温水，搅打至顺滑（无须加热）。

果肉可以一起打，但我没舍得放，留着单独吃。一整天的心情都美美的。

紫花豆昔

我对紫色的食材有特别的偏爱。紫色浪漫，还有些许低调的奢华。琢磨紫花豆，是因为听说它的硒含量高，没想到意外收获浪漫。

初尝，惊讶这不是巧克力奶昔吗？再尝，香甜中隐约有一缕焦苦，恍惚以为在品咖啡。

多年未尝巧克力和咖啡，都记不太清它们的味道了。只觉当下这杯豆昔里，光阴甚好。

喜欢咖啡的香，胃却接受不了，这杯咖啡味豆昔可解馋。

食材

主角：紫花豆（紫花芸豆）、椰枣。

紫花豆在超市和菜场卖豆子的地方可见，找不着可以网购。

看图，做美食

❶ 紫花豆洗净，清水浸泡半天至豆子饱满，连泡豆的水一起放入电压力锅，水不够可适量添加，没过豆子少许即可。

❷ 煮熟豆子。没用豆类档，用煮汤档也煮得很烂，这是十年前的锅了，仅供参考。

我尽量用平凡的锅具做菜，以保证这道菜不必依赖高级器材，也有好味道。若有更好的锅具，自然锦上添花。

❸ 把豆子、煮豆的水、去核的椰枣，一起放入大功率料理机，搅打至细腻即可。

一碗豆子配五六颗椰枣，依个人对甜度的要求做调整。豆与水的比例参考上图，不必太在意，干了可以再加水，按自己喜欢的稠度调整。

❹ 可以全部打成豆昔，或者留出部分豆子，配着一起吃。

如果我是安迪，你会是瑞德吗

安迪，电影《肖申克的救赎》里的英俊男一号，才华横溢的青年银行家，被冤杀人入狱。瑞德，憨厚寡言的狱友男二号，安迪身边默默的支持者和陪伴者。

电影的结局是，安迪用二十年时间凿穿牢墙重获自由。在太平洋的湛蓝海水边，获释出狱的瑞德和安迪欣喜重逢。这部影片没有漂亮女主角，无关爱情。

那天，远方另一个城市的 Ivan 发来信息：如果我是安迪，你会是瑞德吗？我回：当然，I am red.

Red，是瑞德的原名。Ivan 比我小十五岁，那时正在上大学。我们的 QQ 头像都是一个大写的字母 I，他是蓝色，我是红色，所以我说："I am red."

瑞德对于安迪的意义，并不只在于他帮安迪弄来了一把小镐，凭着这把小镐，安迪挖出了从肖申克监狱通往外面的通道。

比最重要的工具更重要的是，有人对你始终不变的欣赏与信任。这种无须理由的欣赏与信任，能持续提升一个人的能量和自信，如心中的一束光，时时照亮，静静陪伴。

我觉得，我们都是对方的瑞德。不用刻意做什么，只要存在于对方的世界里，做真实的自己。

我偶然说了一句："我不是属于我自己，我是属于这个世界的。"他便给了我"大胸怀、小情怀"的定义。喜悦接受真挚的赞美，我们会越来越接近其所描述的美好。

我要参加一个 55 公里的徒步活动。Ivan 说，如果你走完全程，我就送你一份礼物。

从夜晚走到日出，到达终点后我给他发信息："我走到了。现在能告诉我，礼物是什么吗？" 回复只有几个字："爱，从头开始。"

回到办公室不久，收到他寄来的一盒木梳。他早就准备好了，他相信我一定会走完全程。

我说我要写一本书。他给我设计了一个书的封面，写着我最喜欢的出版社的名字。

我们都知道，把心里的目标具体地描绘出来，梦想会更快达成。

中秋节，他发来一句："吃在嘴里，忘记了这是月饼，只以为这是淡淡的思念——一个人吃月饼的滋味。"

我回了一句："分一半给我，有人分享，就不再是一个人的滋味了。"

过了几日，我收到一个快递，里面是两个小小的月饼，没有外盒。月饼一般四个一盒，这两个想必是一盒的一半吧。

随月饼寄来的还有一张速写，画的是我的头像，只字未留，唯有落款：Ivan。

翻看那年我写的关于月饼的日志，末尾一句是：这一年，有许多的感动，无关爱情。

和 Ivan 最后一次见面，是他大学毕业前。那时我刚开始吃素，不像当时所有人惊讶地问我为何吃素，他没有表现出一丝好奇。就像我们一直以来相处的样子：不论你做什么，我从不会感到惊讶。

大学毕业后，Ivan 突然从大家的视线里消失了。

电影里，安迪突然从肖申克的牢房消失，留下所有人错愕万分，唯有瑞德，内心暗暗祝福好友重获自由。

也许有一天，我们会在某个街角遇见，彼此相视淡淡一笑，就如昨晚刚刚互道过晚安。

栗香芝麻糊

黑芝麻自己是成不了糊的，需要加点淀粉、加点甜。

于是板栗来了，不仅成就了芝麻糊，还带来了栗子特有的香。

她把金黄的自己也变成了芝麻糊的黑。

融入你，成就你，只管奉献，无意功名。

无糖黑芝麻糊公式。

食材

主角：板栗一大碗，黑芝麻一小碟。

客串：红枣（备选）。

用其他含淀粉的食材和一些甜的干果代替板栗，就可以不限季节，随时吃到无糖黑芝麻糊了。

看图，做美食

❶ 弄出板栗肉，有几个选项：

（1）直接买去了壳和皮的板栗肉。

（2）在壳上剪个十字口，用电饭锅煮熟。这样可能做不成芝麻糊，剥壳时忍不住就放嘴里了。

（3）我更爱吃的锥形板栗，即使卖家用机器脱了壳，也还会带着些皮。锅里烧开水，放入带皮的板栗，煮开一小会儿，有些皮就脱落了，还没脱落的，捞出来趁热用手剥下。

❷ 栗子肉加适量水（刚没过即可），用高压锅煮熟。大火煮至冒蒸汽，转小火煮六七分钟。

❸ 炒锅洗净抹干水，开火烧热后，放入黑芝麻焙香。如果接受（喜欢）生芝麻特殊清香的话，不炒也可以。

火力不要太猛，及时翻炒，如听到有“噼啪”声或锅子冒起烟，应该就熟了。及时倒出以免锅的余温把芝麻烤糊了。

❹ 把板栗、煮板栗的水与黑芝麻一起放进大功率料理机，多打一会儿，打至细腻，香浓的黑芝麻糊就做好了。

水的比例，依自己想要的稠度调整。打好后尝尝，如果还想再甜些，加几颗去核红枣再打一打，必定很甜了。

❺ 可以留一些栗子肉，稍压碎，加在黑芝麻糊里。

香甜枣芋羹

庚子鼠年春节，是我见过的最安静的春节。我想设计一个菜，菜名谐音“早愈”，盘算着下次出去买菜时买些芋头，琢磨着菜要如何做。

然后发现，2018 年 12 月 14 日我已做了这道菜：香甜枣芋羹。

那段时间在赶做第一本书《极简全蔬食》的出版阶段工作，经常凌晨三点多钟起床坐在电脑前，天很冷，就在菜的图片上写了一段话：

“这个冬天，很冷。于是我决定，去温暖这个世界。”

极简治愈系，两种吃法。

食材

主角：小毛芋头，红枣。

看图，做美食

吃法一：香甜枣芋羹

1. 小毛芋头去皮洗净，切成块放进高压锅，加适量水淹住芋头，煮至高压阀冒蒸汽后转小火，煮两三分钟。

2. 开锅后，把芋头和汤放入料理机，如芋头汤不够，则适量加水。加入去核的红枣，一个芋头配三四颗枣，打成顺滑的浆。

超简单的香浓暖饮就做好了。

吃法二：温香软芋

芋头煮熟后，用一部分芋头、全部的汤和一部分枣，做成香甜枣芋羹后，倒入余下的芋头中，再加入余下的红枣（去核），煮至适合的温度即可。

温暖、香甜、软滑，小朋友也要吃一大碗。

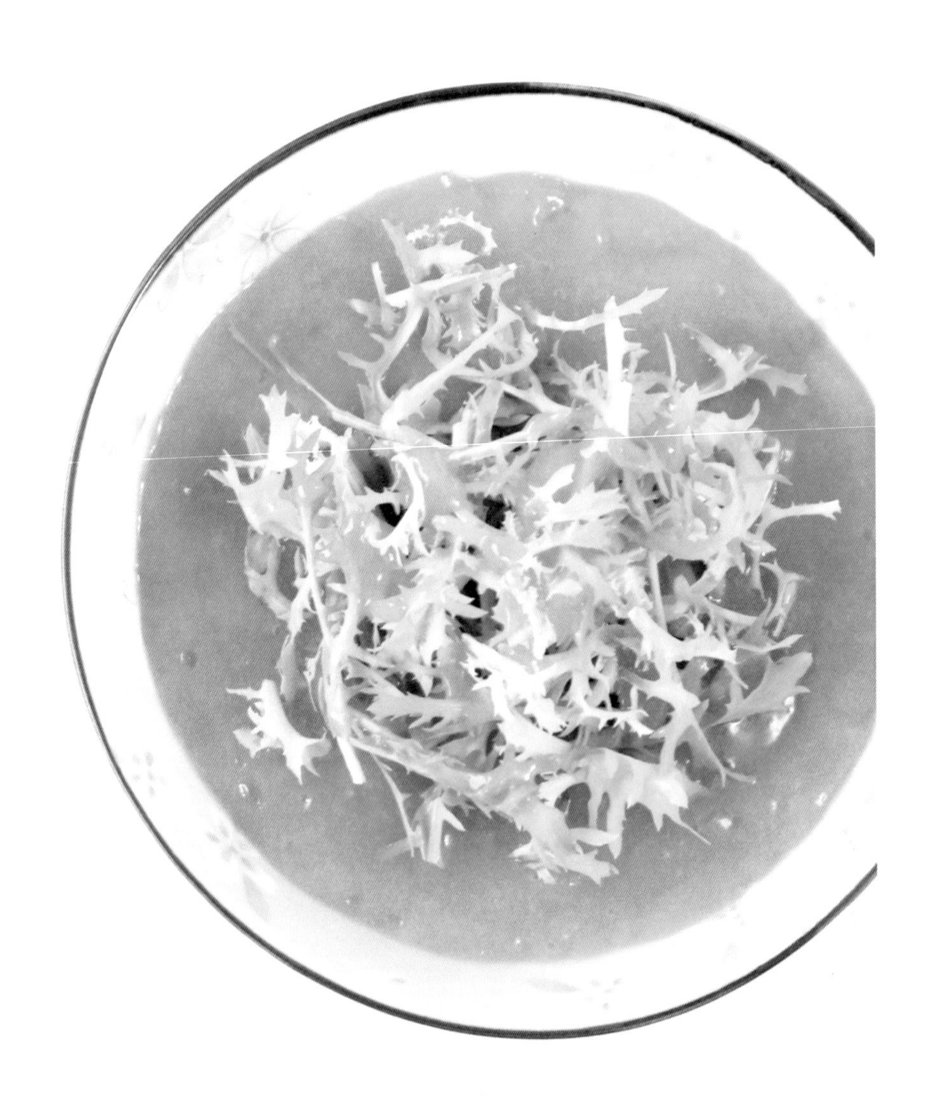

芒果苦菊捞

我娃是绝不愿生啃菜叶的，却也兴奋地吃了一大碗。

食材

主角：芒果、苦菊。

看图，做美食

❶ 苦菊洗净控干水。

我会用兑了环保酵素的水浸泡约四十分钟，之后每片菜叶用流动的水冲洗干净。若是有机或生态种植的，清水洗净就可以了。

❷ 成熟的芒果切开，用勺挖出果肉，放入料理机，搅拌成果昔。

如果觉得太稠或太甜，可以添加少许洁净能喝的水，一起搅拌。芒果昔可以作果蔬沙拉的沙拉酱，可以作涂面包的果酱。

❸ 把芒果昔倒在盘里，苦菊掰成合适的长度，放在芒果昔里，吃时拌匀。

芒果与苦菊的比例随意，可以边吃边添加菜。多出的菜，可以打果蔬昔，比如香蕉＋苦菊＋甜菜根（可选项）。可以放在汤里，比如“茄红叶绿”（本书第176页），把汤盛在碗里后，将苦菊放入，菜依然是生的，味道却浓郁起来。

向着心的方向走

娃两岁时，轮流帮忙带娃的爸妈都撤退了，就只有我孤军奋战了。和许多带娃的妈妈一样，常常在希望和焦虑中摇摆。

直到有一天，看了一部电影，名字记不住了。

一位职场女性高管，偶然机缘收养了一个弃婴。公司允许她带着宝宝上班，可是一边和客户洽谈，一边宝宝等着喂奶，显然这工作是做不成了。

新手妈妈干脆辞了职，带着宝宝去乡下租了间屋子住下来。享受田园生活惬意的同时，也常因停水等问题手足无措。有时也会带着宝宝参加舞会，日子过得似乎宁静。

春去秋来，屋前苹果树上的果子成熟了。果子多，吃得少，都掉落在地上。

别人习以为常的风景，职场强人却从中看见了机会。这么好的苹果，浪费了真可惜，何不做成果酱呢？说干就干，最后结果是，她一边照顾宝宝，一边开创了知名的果酱品牌。

这个故事激励鼓舞了当时的我。虽然，我的屋前没有苹果树。没有谁的故事能被复制，每个人都是最好的独一无二的自己。

不焦虑不纠结，欢喜接纳生活此刻的样子，它必将以更美丽的样子来回报。

比如我，本来就不喜欢早晚打卡的上班生活，本来就向往 soho 的工作方式，宝宝不就是来帮助我实现所想的吗？就这样，一路走来，渐渐活成了自己想要的样子。

向着心的方向走，渴望的都会拥有。

真爱和正念

今天上高中的侄儿给我们讲了一部电影《银河补习班》，在场所有人立即约起去看这部电影。电影讲的是一个成绩倒数的孩子成功逆袭，看得又幸福又满眼是泪。

走回家的路上，璧姑娘给我们讲了约三十年前她学生的故事，简直是电影核心思想的真人诠释版。

璧姑娘教初中数学兼班主任时，有一个姓易的学生，理科成绩很好，但语文很差，总在五六十分徘徊。易同学家里十分清贫，他父亲曾来找璧姑娘，说要领孩子回家去，因为交不起学费，要退学。璧姑娘惜才，去找学校申请减免学费未果，就自己给易同学垫交了学费。

考虑到他语文拖后腿，璧姑娘去找语文老师，请求他多关注鼓励易同学，上课提问时多点他回答几次。可是语文老师懒得理会。到了下学期，班里换了一位新来的年轻语文老师。璧姑娘便又去与老师商量，年轻老师马上应允。

接下来的一次语文测验，易同学第一次考了七十分。璧姑娘特意开了一次班会，表扬鼓励易同学的进步。刚开完班会，语文老师跑来说，坏了坏了，易同学只考了六十分，是我算错了分数。

璧姑娘说，老师您一定帮个忙，想个法子把他的卷子凑成七十分。语文试卷评分较灵活，老师在卷子上东添添西凑凑，弄成了七十分。

自此以后，易同学的语文成绩扶摇直上，加上本来就强的理科成绩，初中毕业以高分考入了全市最好的高中——T 市高中。

读完高二时，正是国家开始恢复三年高中制，易同学所在的 T 市高中改为高三参加高考，但其他高中仍是高二参加高考。易同学因为家里实在太穷，为了早点减轻家里负担，他回到自己家乡 G 镇，找了位相识的老师帮忙，报名参加了高考。

这一考不打紧，竟然考上了清华大学！直至今天，他仍是 G 镇高中前无古人后无来者的，唯一一位考上清华的学子。

然而这张清华的录取通知书，最终未能来到易同学手中。原来，当时教委某领导，与 G 镇高中校长有过节，听说这里竟然出了个清华，心里愤愤不平，鸡窝里岂可飞出金凤凰？于是仔细一查，发现这个学生的学籍在 T 市高中，便以此为借口，扣下了录取通知书。

帮忙报名的老师知悉此事，却爱莫能助，让易同学的家长去跟教委领导说说情。可怜易同学家里不过一清贫农民之家，哪有这个本事，这孩子就眼巴巴看着清华录取通知书与自己擦身而过，又回到 T 市高中继续读高三。

高三下学期，易同学参加全国物理竞赛，一路过关斩将，最后走进了清华大学的决赛考场。

考试之时，监考老师瞥见其姓名，心里一惊，去年清华曾录取过湖北 T 市 G 镇一名学生，却没有来报到。此事甚为蹊跷，老师心里一直纳闷，今日见到名字，莫非正是那位同学？

老师赶紧询问，你是哪儿的考生？

易同学答：湖北。

老师：哪间学校？

易同学：T 市高中。

老师心想，怎么不是 G 镇高中，再问：你家乡是哪儿？

易同学答：G 镇。

这就无疑是他了！老师大喜过望，当即回办公室写了一张录取通知书，亲手送到易同学手中。

话说易同学现场拿了清华的录取通知书，心里想着去年的遭遇，甚为小心。从北京回到学校后，一声不吭收拾了被子行李，回家帮父亲种地去了。

学校多日不见易同学回校，一打听才知他卷了铺盖回家。班主任急忙赶去家里，找到在地里干活的易同学，带回了学校。没想到过了一周，他又跑回了家。班主任又去地里找着他，焦急不解地问：高考在即，同学们都在拼命复习，你咋三天两头往家跑？

易同学感动于老师两次远路来寻，这才从裤袋里摸出那张一刻不离身的录取通知书递给老师。老师一看乐坏了，得，你安心种地吧。后来，物理竞赛成绩出来，易同学得了一等奖。

这一番峰回路转，听得我们的心情仿如坐过山车一般。电影《银河补习班》一开场有一句台词，我非常喜欢且深信不疑：只要你一直想，一直想，你就能做成地球上任何一件事情。

甚至，不只是地球上。

世间的事，解决之道千千万，想想无非两个词：真爱和正念。

红豆汤圆

元宵节那天，娃放学一见到我就问：有汤圆吃吗？听说今天学校的早餐都有汤圆，花生馅儿的。

我说，汤圆你两星期前吃过了，今天有粽子。娃欢呼：这个要做菜谱吗？不是有“丑小粽”了吗？我说，每年弄个新款，这个还在试验中呢，你还可以吃上几次。

娃：真好吃！比丑小粽[1]还好吃，还有馅儿！

然后我俩一边吃粽子，一边编了个段子：

元宵节，我们在吃粽子；

端午节，我们在吃月饼；

中秋节，我们在吃年糕；

春节，我们在吃汤圆；

元宵节，我们又吃粽子了……

1. 丑小粽：详见《极简全蔬食》或微信公众号“素愫的厨房”。

无糖红豆沙，很简单，很好吃。

食材

主角：红豆（一碗），红枣（一碗）。铁棍山药（二三根）。

红枣可换用椰枣，椰枣更甜，可少用点。

看图，做美食

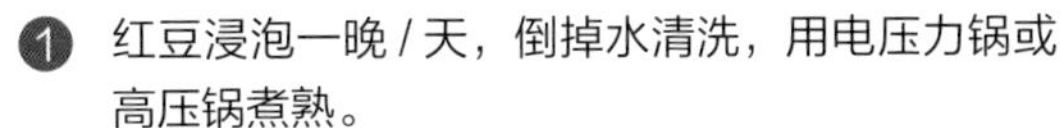

❶ 红豆浸泡一晚/天，倒掉水清洗，用电压力锅或高压锅煮熟。

煮豆的水只需刚没过豆即可，大火煮至阀门冒蒸汽后，转小火煮约10分钟，煮至豆熟而不过烂为好。

注意水不要过多，不要煮太久，煮好后及时盛出不要焖太久，这样能做出比较干的红豆沙。

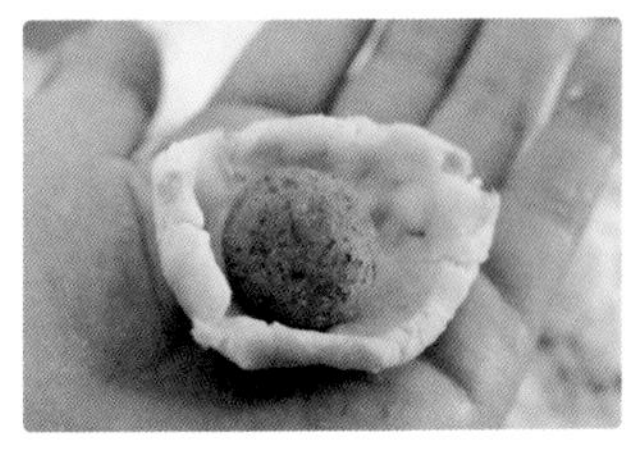

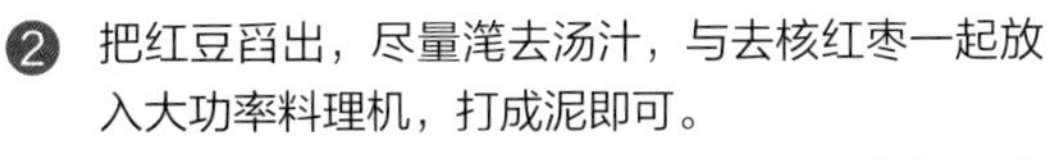

❷ 把红豆舀出，尽量滗去汤汁，与去核红枣一起放入大功率料理机，打成泥即可。

搅拌时用料理棒帮助捣压，中途可以停机，将食材拨均匀再继续打。不需要打得很细腻，大致成泥即可。

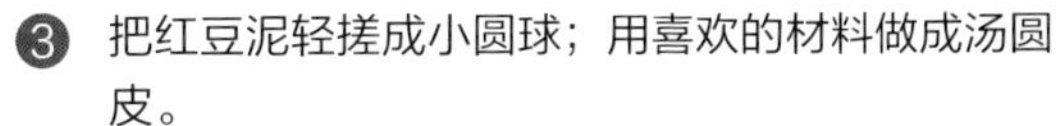

❸ 把红豆泥轻搓成小圆球；用喜欢的材料做成汤圆皮。

如果红豆泥太湿，不易成形，添加一些糙米粉拌匀至适合的湿度即可。汤圆皮可以用蒸熟压成泥的山药、香芋等；或其他有黏性的食材，比如杂粮粉等。

❹ 把红豆馅包进山药泥，用手指轻轻整形至光滑漂亮。可以直接吃，或放在盘中，于蒸锅蒸三分钟，吃热的。蒸太久皮可能会开裂。

❺ 吃过了干蒸红豆汤圆，再来吃红豆沙汤圆（这个更省力气）：

把山药泥搓成无馅儿小汤圆，蒸热。把煮熟的红豆与去核红枣加适量热水，用大功率料理机打成热红豆沙，倒入汤圆中，真甜呀！

好甜的豆

每期菜谱发出，我都要很多次回答一个问题：这个可以用什么代替吗?

有一个菜，食材总共就两样，有个小伙伴要求两样都换掉，咋整啊。要求替换的原因通常是：这个食材我没有。

回想 2016 年刚开始做菜谱时，我小心翼翼，尽量不在一个菜谱中出现两个“新食材”，怕把人给吓跑了。但又要想办法让“新食材”出现，展现丰富多彩的蔬食世界。

当年的“新食材”有比如：鹰嘴豆、椰枣、藜麦、亚麻籽、奇亚籽、味噌……甚至糙米等等。而这些都是我们今天耳熟能详的。

前天又有人说“我没有”，我说当年也曾没有鹰嘴豆、没有椰枣……没有男朋友。不能让“我没有”成为追求幸福的障碍。

可以替换或省去的食材，菜谱里一般会写明，若未写明的，便是不建议替换，或是我不确定的，毕竟我做试验的次数也是很有限的。

换是肯定可以的，换了后，也肯定不是这个菜了。您就随意换，换好了都是咱的菜。

甜甜的豆子，孩子们很爱吃。

食材

主角：鹰嘴豆（一碗），椰枣（七八颗），糙米粉（适量）。

可以用小米粉等代替糙米粉，但糙米粉带着细微颗粒的质感，用在这里特别赞。

看图，做美食

❶ 鹰嘴豆泡一晚倒掉水，清洗后，放入高压锅，加少量水没过豆子，煮至高压阀冒蒸汽后转小火煮十来分钟，至豆子软熟。

可以一次多泡点豆，沥干水于冰箱急冻保存，吃时取出直接煮，更易熟。

❷ 椰枣去核，加少许煮豆水，用大功率料理机打成浓浆。

水不要放多，多了就不甜了，每颗豆子都能接触到椰枣浆就可以了。

❸ 把锅里剩余的煮豆水倒出，豆子留在锅中。把椰枣浆加入锅中，开火煮沸，转小火。

❹ 往锅里慢慢加入糙米粉，同时搅拌均匀，米粉加至汤差不多被吸干即可。关火，余温下米粉会继续吸水。

❺ 每颗豆子都裹上了香甜米粉，太好吃了。

不是只有恋爱才叫爱

很多年前，小城开了第一间甜品店。我有时会和朋友去坐坐，吃一碗黑芝麻糊。

少年时的同学从远方来看我。带他去甜品店，服务员刚走过来，他就果断地说：“给她来杯咖啡，不加糖。”

喝豆浆长大的我，哪里喝得惯咖啡？况且还不加糖，况且明明有我喜欢的芝麻糊啊！

不敢开口说不喜欢，我假装淡定地品着苦咖啡，心里编着故事安慰自己：他定是认为我超凡脱俗，只有苦咖啡才配得上我的气质。

不记得从哪天起，不加糖成了我的习惯。淡中方得真滋味。

早上挤满了人的美食街，新鲜磨煮的豆浆飘着香，我对摊主说：“阿姨，我的那碗不要糖。”

不加糖的豆浆更能品出浓浓的豆香。阿姨忙完手里的活，又舀来一勺豆浆加在我碗里：“这丫头不要糖，给你再添点豆浆。”手里的碗暖暖的，心里也暖暖的。

所以，你吃的不仅是我的菜，更是我去过的每一个地方，读过的每一本书，听过的每一首歌，爱过的每一个人。

对面的妹子瞪大了眼，一脸意味深长地笑：“快说，你到底爱过几个人？”

我：“很多很多个啊……”

你想太少了，不是只有恋爱才叫爱。

果童的故事

我在一间民企做海外销售时，老板给我讲过一件囧事：第一次有外国客人来访，请客人去哪里吃饭是件大事，老板左右思量，然后很认真地把客人带去了麦当劳。结果，客人非常不高兴！

老板说，唉，那时我以为，麦当劳是很高级的地方，原来那是他们的快餐，真的好尴尬。

这个故事把我笑翻了，有一天我忍不住跟我的一位外国客人开玩笑：

我：午餐想吃什么？

客人：随便什么都行。

我：那咱们去麦当劳吧。

客人：不不不，麦当劳除外。

我：那去 KFC？

客人：那还是去麦当劳吧。

想想自己真是太坏了，这么老实可爱的客人，我竟然还逗人家。对于远路来到中国的外国客人，只要是 Chinese food，真的是“随便什么都行”。

比老板的“麦当劳事件”更囧的是，我们公司最大客户的负责人，是一位在娘胎里就吃素的美国人，我却长期坚持请他在牛扒城吃饭。

对不起，我真的不是故意的，那时我真的不懂素食。

他的中文名叫果童，有着美国式的大肚腩和络腮胡子，普通话说得非常溜，随和又风趣，公司所有人都喜欢他。

第一次和他一起吃饭，我们就去了牛扒城。因为谈完工作已经下午三点多，多数餐馆都打烊了，而那间牛扒城全天营业。

那天果童告诉我，由于母亲信佛，所以他是胎里素。那是我第一次近距离接触素食者，除了联想到佛教，我对素食一无所知。

牛扒城的主打美食当然是牛扒。果童翻完了菜单，然后点了一杯鲜榨果汁、一份不要沙拉酱的水果沙拉，表示吃得很满意。

多年后，当朋友问我素食会不会没营养时，我就会想起果童。他的体重是我的两倍多，脚也几乎是我的两倍大。

每次他从美国飞到中国，出现在我办公室门口时，我都想去拥抱他，可是他的肚腩阻隔了我。我只能把头轻倚在他的胸前，用手摸摸他圆圆的肚皮。

办公室同事都习惯了我们这样的见面礼，有一次其他部门的同事进来遇见，愕然地说：你太过分了！

和果童一起工作，我感觉他的精力实在太好了。他可以全天持续地工作，丝毫不觉疲惫。一定要把工作告一段落才肯吃饭，当我已饿得头晕眼花时，他却总是能量满满。

他思路清晰、反应敏捷，经常让我感叹，这是不是我认识的最聪明的人。可惜，他从未向我介绍过素食。倘若他曾跟我讲过一点点，也许我会更早地开始素食。

他甚至从未提过对选择餐馆的要求，而我也从没想过要去打听一下，这里有没有素食馆。很多时候我们去牛扒城，我吃牛扒，他吃水果沙拉。偶尔时间宽裕时，才会带他去大一点的中餐馆，点一部分的素菜。

很忙的时候，就请同事买一些吃的回会议室。记得有一次，我们几个中方同事都要了麦当劳的汉堡套餐，果童只请同事帮他买一碟花生米。

果童告诉我说，他不吃麦当劳的薯条，因为有动物油成分。当时我很诧异他是如何判断知晓的。现在的我，完全理解了他对食物中动物成分的敏锐感知。

作为一个低调的严格纯素食者，果童以他的随和与包容，让我们几乎不会记起他是和我们不一样的素食者。

相比许多采购商来工厂时需要各种款待，果童唯一的要求是：把工作做好。对于我总是领他去牛扒城吃水果沙拉，他也不曾有丝毫不满。

有一次我们一起吃饭，不记得说起啥，老板指着我问他：“那她呢？你给她打几分？”

果童：“打十分。”

老板笑得喷饭，果童马上认真地澄清：“我说的是十分制，我给她打满分。”

多年未有联系，若再遇见他，我说的第一句话应该是：“我现在和你一样，也吃纯素了。”

无花果绿豆沙

以往夏天，绿豆总是必备的。吃低脂全蔬食后，少有上火或寒凉这些事了。

食材

主角：绿豆、无花果干。

看图，做美食

❶ 绿豆以适量水浸泡半日，洗净，加适量水煮熟。

按自己喜欢的稀稠程度加水。用焖烧锅最省事、省能源，砂锅需时稍久，电压力锅省心省力。

我爸说，煮绿豆不用高压锅，免得豆沙堵了气阀眼儿，于是，我就一直很听话……

❷ 煮到豆子开花，软硬合心意即可。

❸ 舀一些煮绿豆的汤，加一把无花果干，用大功率料理机（破壁机）打成浆，倒入绿豆汤里搅匀。

无花果用多少，视乎自己对甜度的需求。果干若较硬，心疼机器，可用水提前泡软一些，搅拌时连同浸泡用的水放入。今天搅拌时，随意混入了较多的绿豆，有些影响甜度，颜色也变得不那么绿，还是尽量不混入豆子为佳。

❹ 为了拍照，堆了些火龙果上去。

依这个思路，不用糖的绿豆沙，按你们的版本，走起。

甜甜圈

没有空，就没有甜甜圈。

没有这般松软可口人见人爱。

人生若要萌，就得多留空。

一口可咬到玉米粒和无花果。

玉米粒的甜，清爽，似她果敢与娇俏。

无花果的甜，醇厚，如他稳重又呆萌。

根本无法抗拒，求你别做太多。

食材

主角：甜玉米、玉米面粉、无花果干。

客串：荞麦面粉或其他有黏性的杂粮粉。

看图，做美食

1. 用刀把玉米粒全部掰下来。玉米芯可以切开后，用来煮汤。

2. 将一半或大半的玉米粒（不需要加水），用大功率料理机打成浆，与余下的玉米粒混合。

   如果玉米粒水分不够无法搅拌，则尽量少地加一些水。

3. 加入玉米面搅拌成较干的面糊。

   玉米面的黏性不大，搓成圆球或整盘蒸了吃都可以，做圈圈不太易成形。

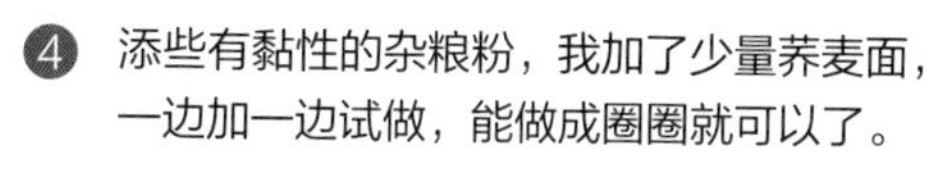

4. 添些有黏性的杂粮粉，我加了少量荞麦面，一边加一边试做，能做成圈圈就可以了。

5. 将无花果干切成小粒，与面糊混匀。多放一些果干，令其分布较密，这样就会比较甜。

6. 取一团面搓圆，用手指在中间穿一个洞，稍做整形。蒸锅水开后，在蒸格上铺一层蒸布，放入甜甜圈，大火蒸熟，约需十分钟。

甜甜圈最重要的，是中间的空

我妈管甜甜圈叫“甜圈圈”，我爸管“断舍离”叫整理房间。

一说断舍离，首先想到扔东西。一说扔东西，首先想到扔别人的东西。自己的东西看着都有用，别人的东西看着都多余。

断舍离不是比赛扔东西。有些高人除了身上的一件衣服，什么都没有。像麻衣那样《我的房间空无一物》的境界，离我也还有距离。

断舍离不是目的，找到什么是对自己最重要的才是目的。

从我记事起，在那个物质贫乏的年代，我爸已经习惯扔掉使用频率不高的东西。猜想在我爸心里，整洁的住所是非常重要的。所以，凡是扰乱住所的非必需品，都值得让位。

比有形之物更难把握的，是无形之物，如占据时间的事务、占据心房的情感。

心亡则“忙”。内心匮乏时，不明确生命中最重要的是什么，便不由自主地用各种事务把自己填满。在被填满的同时，迷失了自己。就像一只被填满的甜甜圈，已经不是甜甜圈。

我几次放弃令人羡慕的工作，旁人评说我洒脱，其实我只是清楚，对当时的我，最重要的是什么。开始全生食后，我把冰箱清空了，所有食材打包送走。开始做菜谱后，我又把冰箱填满了，以应对随时跳出的灵感。

时间和空间不同，最重要的也会有不同。唯一不变的是，不论何时何地，最重要的，都是自己。

我是一切的因，珍爱这个因，才会有好的果。如果不认同最重要的是自己，那么断舍离的第一步，就该把自己扔出去。

什么都可以减去，只要留下爱，直至自己成为爱。

我爱你，所以……

小的时候，爸爸原本是不抽烟的。但有一次生病康复后，不知为何他开始抽烟了。每次他一拿起烟，几岁的我就爬上他的膝盖，高举着手抢他的烟。爸爸很宠我，所以每次都是我赢。抢了几次后，爸爸不再拿烟出来了，从此一辈子没抽过烟。

我爱爸爸，所以不能忍受他做伤害自己的事情。天真的小女孩就是这样想的，很单纯。直到今天，这个简单的思维习惯也没有改变。可是我的周围，有时看到的却不一样。

朋友的爸爸有严重的糖尿病，他们家在肉联厂工作，家里的肉多得吃不完。那时我们不知道，吃肉与糖尿病的关系；但我们都知道，抽烟对这样的重症病人是很危险的。然而，春节回老家时，朋友带的是两条烟。“我爸爱抽烟，给他带两条好烟。”

我始终无法理解这种爱的逻辑。

我们反对一味顺从孩子的溺爱，对长辈的一味顺从也是溺爱吧。是因为溺爱比较容易吗？顺着你，比跟你对着干，要省心得多。

我也能看到和我一样的坚持。

另一位朋友的父亲确诊癌症晚期，医生说最多只能活两年。朋友放弃了怀二宝的计划，带着年幼的女儿去外地照顾父亲。通过阅读《救命饮食》等书籍，了解到动物蛋白的促癌作用，她开始自己尝试素食，并且给父亲做素食。

住在广州的城中村，她每天早早起床，背上背着两岁的女儿，脚下踩着泥泞的小路，头顶上方不远是密密缠绕的电线，走半个多小时到菜市场。买好各种蔬菜水果回来，爬上七楼的出租屋做好饭菜，然后搭地铁，转公交，兜兜转转近一个小时，赶到医院。

同病房的病友每天吃的是椰子炖鸡、药膳鸽子等，而她带的是破壁机打的五谷糊、果蔬昔，炒好的新鲜时蔬里夹杂几小片肉以应对父亲的馋。父亲总是嘟嘟囔囔抱怨肉太少，亲戚朋友也一片反对质疑声。

为了爱，你承受了误解，你听不到感谢。但是一切都值得。

父亲不仅化疗期间副作用较少，掉头发、口腔溃疡、便秘等常见的反应都没有出现过。后来家人商量暂停化疗，回家静养。又有缘结识了气功师傅，开始练气功，至今已经平安度过了五年多，每天都神采奕奕（注：勿随意模仿，患病请寻求医生帮助）。

我们常常以爱的名义去伤害，有时是自己观念的偏差，有时却仅仅因为面子。为了面子，甚至强迫爱的人做出违心的选择。这种情节，随便打开一个电视剧都有。

我一直没搞懂“面子”到底是个什么物质，值得我们为其背离初心。

和朋友在外地做客，主人家热情招呼，当主人推荐一款带辣椒的菜时，我拦了一下：别吃，咳嗽还没好。主人再次盛情邀请，说尝一点点没事。朋友想接过来，又被我拦住了。我知道，就这一点点，也可能把本已要好了的咳嗽，再延续好多天。

如果我妈在，她可能会悄悄拉一下我的衣角，用眼神暗示我：你这样做，既没给主人面子，也没给朋友面子。

对这些人情礼仪，我总是不能深刻理解。我搞不懂面子是啥，就算它真的存在，也不会比爱更重要。我的思维还和当年那个几岁的小女孩一样，看到会伤害亲人的东西，就想把它拿走，只要对方没有坚决抗议。

我爱你，所以我不做伤害你的事，也不愿看到你伤害自己。

我爱你，所以我不会强迫你。而且我的观点对你而言，未必就是更好的或更合适的。

我爱你，所以我会假装不经意地影响你。比如把我的菜谱书放在某个角落，待你偶然翻看了，或许就会好奇地做上两道菜。

我爱你，所以我尽量做好自己。不想你熬夜，我就自己坚持早睡。

我爱你，所以我尽量照顾好自己。这样，你就不必为我操心。

就这样，简简单单的我。

桂圆腐竹

在广东和香港，带汤的甜品常被称为“糖水”。

直到现在我都还没听习惯。

糖不是目的，甜才是。

素愫的厨房所有甜品都无糖。

腐竹做成甜点，尝过就会爱上的。

食材

主角：腐竹、桂圆。

有些腐竹在制作时会添加盐，要选择无盐原味的才好。

看图，做美食

1 腐竹不用浸泡，折成小段；桂圆剥出果肉；加适量水，放于电压力锅。

2 开启电压力锅煮熟。

我用的是煮饭功能，很适合。相比触屏按键式，我更喜欢旋钮式的电器，时间可以自由调节，而且没有按键失灵之忧。

可以加入紫薯一起煮，紫薯已经有甜味，可以省去或减少桂圆。紫薯较腐竹易煮软，所以提前浸泡腐竹再一起煮可能较同步，并需减少煮的时间。

3 每一天都平平安安、甜甜蜜蜜。

金色酸奶

这明明是一杯果昔？果昔的味道万千种，偏偏有一种，能满足你对酸奶的挂念。

食材

主角：芒果、百香果（或柠檬）。

百香果表皮饱满时通常很酸，表皮变皱时会变得甜一些，做这款酸奶不怕酸。

看图，做美食

❶ 芒果切开，用勺挖出果肉。

❷ 将芒果肉放入料理机，加适量洁净能喝的水，搅拌成果昔（不加热）。

果昔的稠度，视自己喜欢。想饱腹做稠点，想解渴做稀点。可以先少量加水搅拌，再添水调整。

❸ 切开百香果。

❹ 将适量的百香果汁和籽加入芒果昔，或挤入柠檬汁，搅匀享用。

若百香果多汁，果昔瞬间变得酸酸甜甜，好清爽！即便汁不够多，咬破百香果籽时，就会迸出酸酸的汁，这个过程很动感。不想费牙齿，就将百香果也打碎。

味道好的有机柠檬可以连皮切一小块，与芒果一起搅打成果昔，清香怡人。

素酸奶

许多朋友问过做素酸奶的方法，我也好奇地尝试了几次，然后得出结论：自制素酸奶是一项毫无意义的技能。这下打击了一众伙伴的热情。

不吃牛奶还惦记酸奶，大致因两个需求：一，补充益生菌；二，喜欢那个味道。

补充益生菌，没必要吃酸奶。为此我们需要了解好菌和坏菌。好友余小虫虫是消化道健康饮食达人，下面一段是他的指导：

“坏菌喜欢的食物：动物蛋白、高脂肪（尤其是饱和脂肪）、精加工食物等。好菌喜欢的食物：膳食纤维、抗性淀粉、多酚、低聚寡糖、Omega-3脂肪酸等，这些都能从植物性食材里获得。”

综上所述，就是要吃低脂全蔬食嘛。肚子里养的都是益生菌，就不必琢磨素酸奶了。

若怀念酸奶的味道，其实酸奶本身并不好吃，我们喜欢的味道来自添加的糖，甚至还有其他香料。

甜的食物加入酸奶菌发酵之后，甜味没了。菌们把糖吃掉了，为了味道，就得再加糖。何不把甜蜜享受留给自己，我们的肚子就是最好的恒温发酵箱。

闭目想象下，我们想要的味道是：酸酸甜甜，有着奶一样的浓滑感。

许多含淀粉的食材煮熟后用大功率料理机搅打，都能得到这种浓滑口感，而且很美味，比如糙米、燕麦、莲子、山药等。尝试哪些水果能做出浓滑感。哈密瓜不行，只能打成果汁，西瓜应该更不行了。

甜，有甜的水果干果等；酸，有柠檬百香果等。大自然的馈赠，足够我们搭配出风情万种。

或者别多想了，就这款金色酸奶吧！只需三分钟。

乳腺增生自愈故事

我不喜欢逮着人诉说过去的痛苦，人家不嫌烦，我还嫌浪费生命。可是有朋友一再要求，让我写写乳腺增生的故事，好拿去帮助她的朋友。

我在二十多岁时开始有乳腺增生，硬块、经前期胀痛，但是不算严重。有一年的夏天，突然严重了，整个胸部硬成石头，稍碰一下疼得龇牙。医生检查时都吓了一跳，然后说了俩字："湿热"！

在广东，我觉得自己不知道如何生存。每样食物，好像不是"湿热"就是"寒凉"。

那年夏天很热，没有胃口吃饭，朋友送来许多芒果，正是我热爱的，吃不下饭就吃芒果。所以，芒果这么湿热，你还天天吃？我错了，从那以后，我好多年没碰过一口芒果。

隔几日就上医院，挂号排队检查拿药要很长时间，班也上不成了，我变成了专职病号。医生中西药结合地给我治，吃药吃到神经过敏，风把门吹得关上，"呼"的一声响也能吓得心怦怦狂跳。口干舌燥，喝多少水都不管用。我找医生反馈，医生就再给我开治口干的中药。

然而，增生的痛苦并没有减轻很多。而且我发现，自己走进一个越来越痛苦的循环了。有一天内心一个声音说，我不要再吃药了。我翻开书架上从没看过的食疗汤谱，找到一款有生津功效的汤，居然也体会到了，一口汤喝下口齿生津的效果。

从此，我开始对食疗产生了兴趣。而且我决定，以后再也不吃药了。我也知道，乳腺增生更主要是情志病。

以前我是个很容易生气的人。几岁的时候，我跟我妈告状：我哥他骂我！

我妈：我咋没听见他骂你呢？

我：他在心里骂我！（翻译过来其实是：他刚才瞪我那眼神儿不友好，

我觉得他可能在心里骂我。）

像我这样小心眼儿的人，如果谈个恋爱，你说能赌多少回气？

求医问药未果，我决定努力调整心态。我开始练习瑜伽，修炼静心，并找到一份可以全情投入的工作。心念一转，在很短的时间内，我居然从一个专职病号，变成了气场强大的职场女王。而且，一直小病不断的身体，也变得强健起来。

我们部门工作压力特别大，几乎每个同事都说晚上睡不好，有时半夜都惊醒，是不是自己搞错了订单，损失了几十万美元。但我睡得香，吃得香，同事们多多少少都有请病假的时候，只有我从不生病。

曾经疼痛难忍的乳腺增生，症状也迅速地减轻，虽然体检结果显示还有一级增生，但是相比以前，我觉得已经不算啥了。而且乳腺增生很常见，很多女生都有，我就没把它当成个病了。

话说到了我娃上小学一年级时，我感觉一年级真是个坎啊！“每晚七点胸痛准时发作”的那类人群里，就有我。陪娃写作业，一着急就胸口疼。一疼，就更着急。

幸运的是，只过了一个学期，我开始吃素了。那时吃的还不是“低脂全蔬食”，但是我从小就讨厌味精、添加剂、白糖等，在家里从来不油炸，也没有吃垃圾零食的习惯，所以我的素食也比较接近“低脂全蔬食”。

一段时间后，乳腺增生明显减轻了许多，即便跟娃较劲，也不那么胸痛了。

痛经的问题也大大改善了。我开始意识到，素食，才是更好的食疗！

吃素半年多后，我跟着周兆祥博士学习生食。一段时间的全生食后，我惊讶地发现，增生的症状完全消失了，所有的经期不适感也没有了，经期跟平时没有什么两样。

看来，以前认为自己很健康，只不过是习惯了不健康的状态，不晓得还有更美好更轻松的生活状态。当然，“七点钟胸痛”也没有了。说到这里，刚生了宝宝的朋友说，天呐，为了平安度过小学一年级，我得现在开始低脂全蔬食，打基础啊！

体检报告也显示，我不再有乳腺增生。不仅如此，整个人的身心都变得柔软起来，也不那么容易焦虑和生气了。而且，自从决定不吃药，真的没再吃过药了。

有个朋友说，我比你吃素时间还久，为什么我的增生没改善？我说你爱吃甜品吗？她说喜欢。我说你爱吃油炸的吗？她说惨了，这两样我都很爱。

素食跟素食，真的不一样。

我又可以随心所欲地吃我喜欢的芒果了，也没有什么湿热之说了。也不需要什么特别食疗的汤，嘴里总是甘甜的；心情喜悦时，更是如有甘泉。

要么像个孩子，要么像在恋爱，我们都可以时时活在喜悦中。

故事就讲完了，仅为个人经历，如有疾病请寻求医生帮助，请勿因此放弃任何必要的医疗措施。

全生食最好在专业老师指导下尝试。不论采取什么样的饮食，都要倾听自己身体的声音，适时调整。

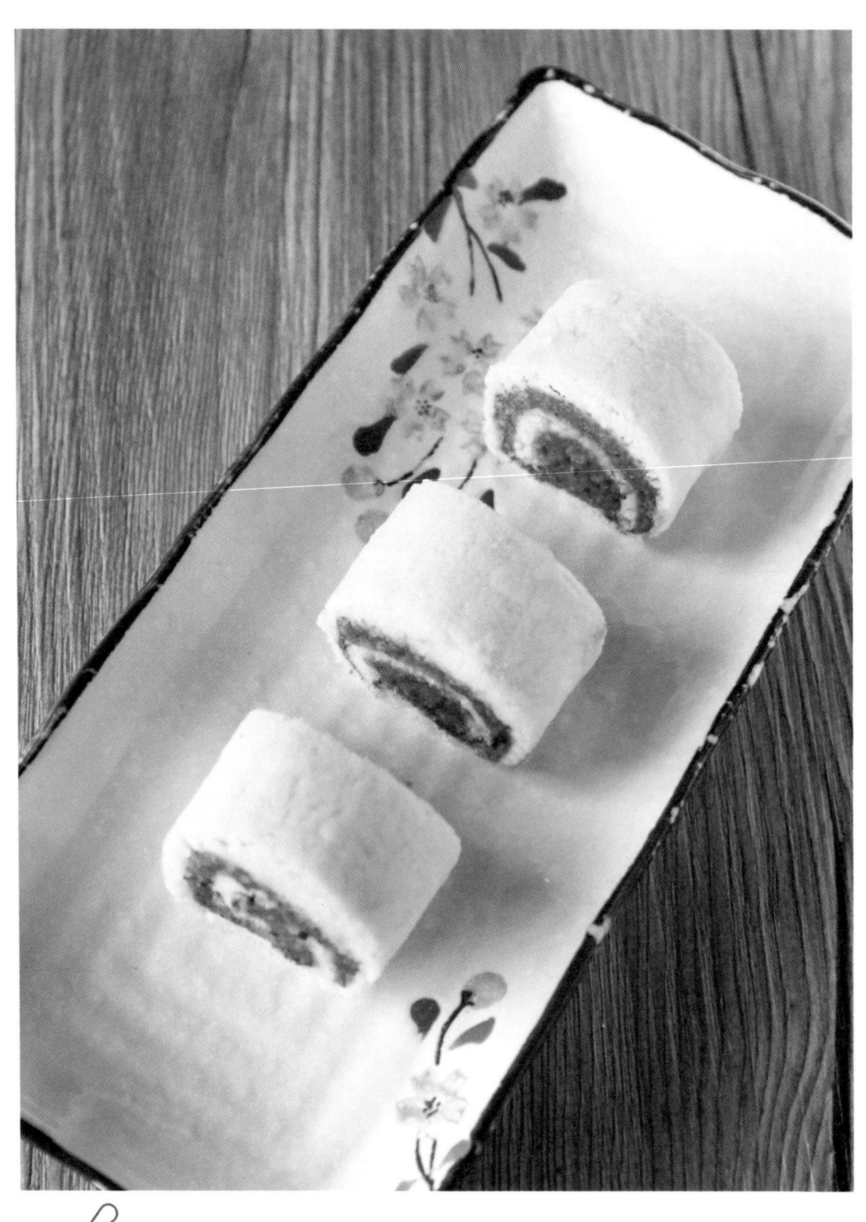

轻松驴打滚

做着轻松，吃着松软，吃完身体轻松，故得此名。

食材

主角：鹰嘴豆、红豆、红枣各一碗。

鹰嘴豆比红豆要多些，图中这些可以做十来个驴打滚。

看图，做美食

❶ 红豆煮熟，与去核红枣一起，用料理机打成红豆沙，详细步骤及要点参考红豆汤圆（本书第 242 页）。

❷ 鹰嘴豆泡至饱胀（约需大半天），倒去水洗净，加适量水，用大功率料理机打成豆浆（不需要加热）。

❸ 用过滤袋挤出汁，取渣待用。

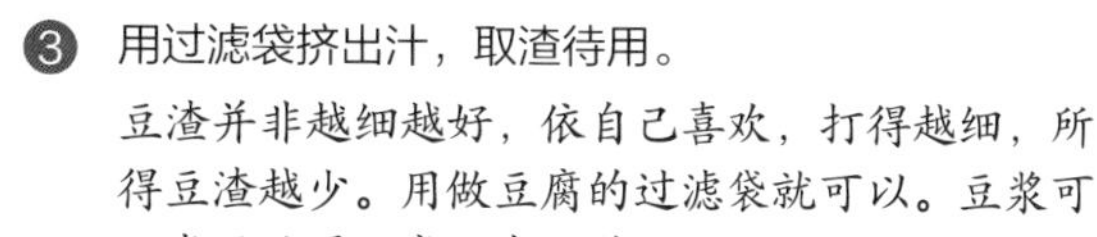

豆渣并非越细越好，依自己喜欢，打得越细，所得豆渣越少。用做豆腐的过滤袋就可以。豆浆可以煮开后喝，或用来做菜做汤。

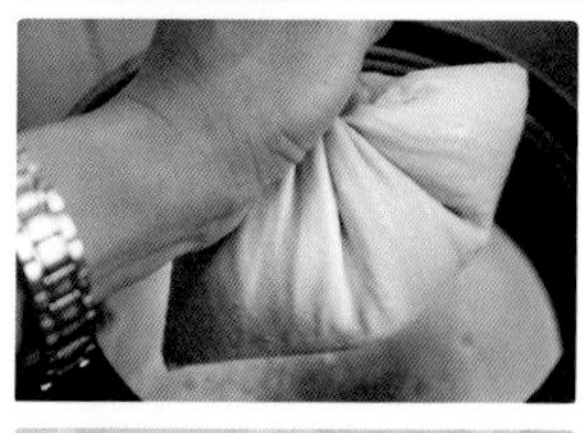

❹ 把豆渣平铺在干净菜板上，用手压薄，约半厘米厚，四边可以用刀拢整齐。不太整齐也没关系，不影响味道。

若食材分量多，可以分批做，面积太大的话，不方便卷起。

❺ 把红豆沙均匀铺在上面，用手或勺子抹平，顺便压实些。

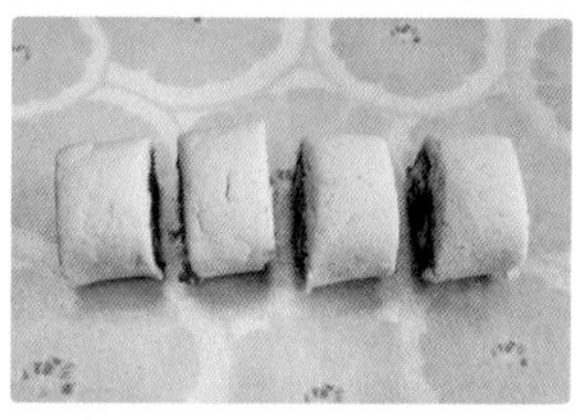

❻ 卷成一个条，滚搓光滑，两端整平，切成小段。

豆渣不像糯米粉有黏性易成形，可以用刀帮忙铲起豆渣，边铲边卷。裂开也没关系，用手捏一捏就黏合了。

要用锋利的刀，就容易切得漂亮利落，如果刀粘了食材，影响切面，可以擦净刀，自己吃的话，其实也不必太在意。

❼ 做好的小卷全部放在盘中，蒸锅水烧开后，放入蒸三五分钟即可。

可能红豆沙会多出一些，自由处理就好。搓成小球，和驴打滚一起蒸热可食。或加点热水，打成红豆沙热饮。

手作芒果挞

经过街边的甜品店，门口的广告牌上写着：我们用精制面粉、牛奶、蛋、白砂糖，不使用添加剂。

而这些食材都不在低脂全蔬食的范围内。我们可以有更好的选择。

不需烤箱，不需模具，手作更浪漫。

这款“不是蛋挞”好吃得远超预期。

食材

主角：鹰嘴豆、芒果。

用了两个小台芒，大芒果用半个就能做出许多果泥了。

看图，做美食

1. 鹰嘴豆浸泡大半日，倒掉水清洗，放入锅内，加少量水煮至软熟。

   高压锅煮至阀门冒蒸汽后，转小火煮十来分钟，电压力锅是自动的，按煮豆或煮饭键即可。

2. 将豆子捞出放入大功率料理机（即破壁机），不用加水，在搅拌棒的帮助下，搅打成泥。

   如果豆子太干不好打成泥，适量加一两勺煮豆水或清水。

3. 取一些芒果肉，放入料理机，不用加水，不用加热，搅拌成果泥（此步无图）。

   一小碗芒果肉就够了。可以先打芒果泥，不用清洗料理杯，再接着打豆泥，豆泥也会粘上甜味。

4. 取一团豆泥，捏成圆球，再做成小碗状。

   若豆泥变干不易操作成形和弄光滑，可沾少许的水在手中再捏球。小碗底部可以在案板上压平一些，这样能放平稳，注意豆泥的厚度均匀些为好。

5. 把芒果泥舀进豆泥碗，做好一个就会忍不住放嘴里。

   芒果挞的美味，远远超越两款食材原本的味道。两种味道是分明的，却又是在一起的。我试着将果泥和豆泥混在一起，舀进嘴里，便不能令我如此欣喜。

   有些味道，注定要相互依偎又各自独立，就像有些爱情的样子。

刚刚，收拾好了行李

写于二〇一九年四月四日。

我要出去溜达几天了。

所以菜谱要慢些更新了。做公众号三年，总觉得没给自己放过假。每次外出，就提前做好一两期的菜谱，以保证按时更新。

这次，我想给自己放个假，库存的 133 个菜，您们先将就吃着，我会很快回来。

家有小娃，出个门不是很容易，我运气特别好，有个朋友会帮我照顾娃，而且比我这个亲妈照顾得还好。

上次我陪爸妈出去游三峡，上船的那天是我娃的生日，午餐时间朋友发来照片，她家的小妹妹和我家的小哥哥一起，头上戴着漂亮的小纸帽，桌上有自己做的纯素小蛋糕，孩子们笑得很甜。

这温馨一刻令我惊喜感动而落泪。想想这些年，我从没给娃正经庆祝过一次生日。

有一次娃说，班里的同学过生日，都带了好吃的分享给同学们，我生日时也想带。

我：你的生日跟同学有关系吗？没关系。你的生日是母亲的受难日，生日是感恩母亲的日子。

刚好看到一间素食自助餐馆，有类似“墙上的咖啡”活动，客人可以买下一些餐食，记录在一棵爱心树上，有需要的人士可以享用这些免费爱心餐。

我：你的同学们都不缺吃喝。可是世上还有许多人，他们缺食物。

从那天起，娃决定每年的生日，在素食馆购买爱心餐送给有需要的人。平时遇到素食馆前台有爱心箱，他也会向我讨一份爱心餐的钱放进去。

决定给自己放假的那天，我打扫了屋子，缝好了破了很久的毛绒小动物，订好了车票，然后点开朋友的微信。

我：刚买了五号出去的票。

她：几时回来？

我：还不确定，大概周二周三或周四的某天下午。

她：好的。

我：我担心我家楼梯太高了（注：她怀着胎里素二宝，五个多月了）。

她：放心，跟爬山不是一个级别，我经常去爬山。

我：能猜到我去哪儿么？

她：我不关心你去哪儿，我关心你娃能吃饱就可以了。

如果我是男人，如果她还单身，我是不是该把她娶了？

其实，我也并没有真的放假。背起背包，走走停停发呆犯傻，也是我的工作。

我说过的，你吃的不仅是我的菜，更是我去过的每一个地方，读过的每一本书，听过的每一首歌，爱过的每一个人。

本来只想写几句话发条短消息的，却念叨成了一篇文章。终于，我满足了你们只看段子不看菜的心愿。

让我们齐做三好学生：吃好、睡好、心情好。不论忙碌依旧的你，还是假装放假的我，都有最美人间四月天。

窗外繁花开，转角遇见爱。

香甜银耳燕麦粥

银耳羹是小时候的记忆。

妈妈经常在前一天晚上，将泡发好的银耳煮开后放入暖水瓶，第二天早上，就可以吃到焖得软烂的银耳羹。

这方法的原理和现在的焖烧锅差不多，在那个物质缺乏的年代，更显出妈妈的智慧。

总觉得银耳羹是零食甜点，吃不饱，不能当正餐主角。偶然加入燕麦片，口感好惊喜，还能吃得饱饱的。

今天的美食，也将是明日的甜美回忆。

食材

主角：银耳、红枣、燕麦片。

银耳泡发率高，大朵的用半朵就够两人吃了，我用的三朵是小朵。燕麦片不需要用即食的，大片的那种就好。

看图，做美食

❶ 银耳泡发洗净，撕成小朵，放入电压力锅，加适量水。因为后面要加燕麦，所以水可以多放一点。

银耳用高压锅、电压力锅、焖烧锅都容易煮出胶，撕得越小朵，越易出胶。

❷ 红枣去核切成尽量小的块，或用研磨机磨碎，加入锅中，用煮粥等功能煮熟。煮久一些会很软糯。

若喜欢甜就多放点枣。有一次用研磨机磨碎红枣，开锅后发现枣全都融化不见了，汤甜得不得了。

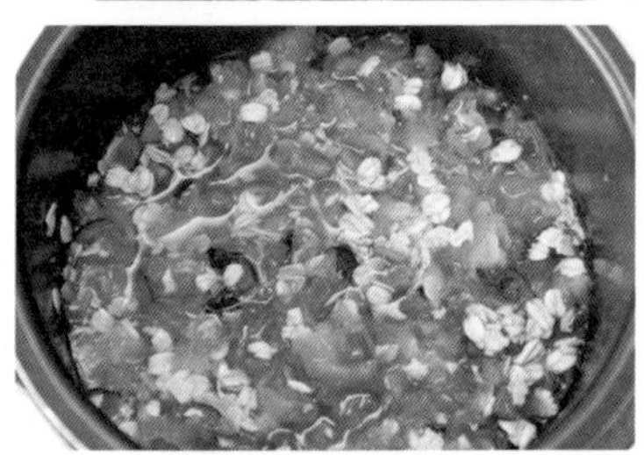

❸ 把燕麦片加入锅中，盖好盖子，焖数分钟燕麦变软就可以了。

燕麦片会吸水膨胀，所以别加太多，要留有许多汤汁，待焖好就变干了。有朋友买的燕麦片较硬，焖不软，可以在煮银耳时浸泡燕麦片，银耳煮好后加入燕麦片煮开再焖软。

❹ 一个柔滑一个粗糙的口感结合在一起，吃一口就无法停下来。

沙滩苹果

从春节到现在，这款沙滩苹果是我每天的早餐。

苹果向来不是我的首选，因为热量不高，总觉得吃不饱，甚至越吃越饿。亚麻籽糖粉热量高，可以持续半天饱腹感，就是容易粘牙齿。

两样搭配在一起，所有问题都没有了，堪称完美。

就这样一直喜欢下去，不是我有多坚持，是因为你真的太好。

食材

主角：苹果、生亚麻籽、红枣、脱壳火麻仁（或核桃）。

看图，做美食

❶ 把生亚麻籽用研磨机磨碎。

除了对生亚麻籽不耐受或有相关禁忌的人，一般人每天食用 50 克以内生亚麻籽是安全的。

❷ 加入去核切小的红枣和少量火麻仁或核桃肉，再一起磨细，即得到美味百搭的亚麻籽糖粉。

亚麻籽粉有些硬，加上火麻仁或核桃仁后，口感柔滑了许多。

我用的小研磨机，需要先磨亚麻籽，如果用破壁机磨，则可以两步合一。有的破壁机配有专用研磨杯，或者将打果昔的杯晾干也可以。

❸ 把洗净的苹果切成小块。

苹果去皮后，膳食纤维就损失了大半，买有机或生态种植的苹果为佳。

❹ 把苹果块放入盘中，倒入足够的糖粉即可。

我喜欢把每块苹果全身粘满糖粉，然后满意地送入口中。糖粉融化在果汁里的感觉，实在不能更好了。

有你真好，真的爱你

多年前的一天，我请一位老师来家里吃饭。那是我第一次做西餐，所有的碗碟刀叉都是新买的。精心准备了两天，做了一款黑椒牛扒。嗯，那还是吃素以前的事儿了。

老师落座后，我内心忐忑，只见他用锯齿刀来回锯了好久，终于切下一块放进嘴里。我心想完了，这肉肯定是很老了。老师微微一笑说：好吃，刀有点钝。

那一刻，很感动，原本酝酿好的尴尬全都烟消云散。

良言一句三冬暖，恶语伤人六月寒。

曾经，我是那种经常被情绪绑架，用语言炮弹狂轰滥炸的人。伤了别人，也伤了自己。

幸运的是，素食以后，每天吃着明媚的果蔬豆谷，心境也变得柔和宁静起来。

也更能感知到对生命的敬畏，更不忍看到，至亲好友因自己一时嘴快而受伤。好好说话，便也成了我修习的一门功课。

电影《银河补习班》里有一个情节，孩子成绩全校垫底，学校要开除他。孩子爸爸与教导主任对赌：期末考试孩子能考进年级前十名，就留下他。走出校门，孩子妈妈气急败坏：你能考进年级前十？你看看你，长了张年级前十的脸吗？

这些语言可以轻易地毁掉一个人。

我们都听过“水知道答案”的实验，即便只是一句好话或坏话，也能改变水的内在结构。

听过好话的水结冰后，形成了精巧美丽的晶体结构；听过坏话的水结成的冰晶，却是紊乱甚至丑陋的。

最让水受鼓舞的，是爱和感恩的意念。

事实上，有许多科学实验都证明，我们的意念会对周遭产生影响，而语言是传递意念最直接的方式之一。

电影中，孩子在接下来的考试中，由倒数第一变成了倒数第五。爸爸说：哇，你进步了！孩子惊讶地问：你是真的认为我进步了吗？

在爸爸坚定的正念支持下，孩子成功逆袭，不仅达成了年级前十的目标，后来更实现了宇宙航天员的理想。

我们所遇见的一切，都和我们有着能量的连接。故而我们的言语，对这一切都有着影响。

朋友养了一只忠实的看家狗。有一天，狗狗亲热地跑到朋友身边，心情欠佳的朋友呵斥了一句：滚出去！你这只臭狗！

狗狗默默地走开了。而且，再也没有回家。朋友为此深深懊悔。

好好说话，是通往幸福的密码。这是一项技能，是任何人都可以通过练习而获得的技能。一旦拥有并运用这个技能，你会发现身心变得和谐，周围的一切都变得顺畅起来。

从现在起，就练习这项技能——好好说话。

·筛选健康的句子和词语，就像我们选择健康的食物一样。

好好说话，就是说让人感觉舒服的话。即便心中有不满时，直接表达诉求，避免恶语评论。

不说：“你这人懒得要命，什么也不干！”

可以说：“我忙不过来，你可以帮我吗？”

·使用充满爱的语气。

语气和情感甚至比内容本身更重要。可以对比下，温柔地说“你真笨”和恶狠狠地说“你真笨”，是有多巨大的差别。

去诵读一篇能够让自己温柔起来的美文，或者把它录下来聆听，你会爱上自己的温柔。

・掌控情绪，不是被情绪掌控。

不生气，就大大降低了使用恶语的概率。

看透真相。如果我们看到，那些令我们抓狂的表象背后，都住着一颗索爱的心，我们就不会生气，我们只想去爱。

改变饮食。吃低脂全蔬食，情绪会变得平和许多，试过就知道。

好好睡觉。缺觉会让我们变得烦躁，良好的睡眠则让我们平和而充满力量。

总之，身与心的健康，是相互影响的。

・一旦不好的词语进入我们的头脑，先紧闭嘴唇，深深呼吸，用我们的意念去控制它。

就像刚刚开始吃健康素食，面对曾经热爱的垃圾食物，其实咬咬牙，忍一忍，也就过去了。21 天后，或者根本不需要 21 天，肠道重新建立了新的健康菌群，那些垃圾食物对我们就不再有诱惑力。

同样的，当大脑建立了全新的词库，也就形成了全新的好好说话的习惯。

・时时表达爱。

不表达出来的爱，就像没端上桌的美食，未曾被人知晓，最终消散了香醇。

在一次讨论中，我们说孩子的这种行为，是因为感觉不到妈妈的爱，妈妈需要拥抱孩子，说“我爱你”。孩子妈妈惊讶地说，整天都生活在一起，孩子难道不知道妈妈爱他吗?

当然。尤其是当我们发脾气、不好好说话的时候，孩子很可能真的以为，我们不爱他了。

这些时候，更需要用爱的表达来弥补。

・持续练习。从早晨醒来的那一刻就开始练习。

随时随地，我们可以和身边的一切进行正念交流。

清晨，听到窗外鸟儿的鸣叫，我说：你唱得真好听！谢谢你，开启我美好的一天！

早餐，看见色彩缤纷的水果，我说：我爱你！你如此甜美，来到我的身边，与我合为一体，滋养我的生命，感恩有你！

孩子赖床，我不再说：怎么还不起来，这么晚了，别再拖延了！我亲吻他的小脸说：嗨，你要起床创造你的世界了吗？

楼道里遇见清洁阿姨，我说：阿姨，天气很热吧，你擦得真仔细！

一位读者跟我说：素愫姐，我做了清蒸秋葵、五色什锦蔬、小炒四季豆。手艺不好，做的味道不是很好吃。

我说：现在起，停止给自己贴标签，只许说正面的，快夸夸自己。

朋友：呃……中午花了心思，给自己和家人整了三道素菜，感觉自己棒棒哒！

和娃走在回家路上，他给我看一枚古钱：看，我刚才捡了这个。

我：外圆内方，这是清朝的铜板吧？

娃：是呀，康熙年间的，你有捡到过吗？

我：没有，但是我捡到过一个最好的宝贝。那就是你。

不论生活原本多么一地鸡毛，都能把它过成云淡风轻，岁月静好。因为是我们自己，创造了我们的世界。

爱，是一切的答案。

·接纳不完美的自己。

无须做到一百分，即使用错了词，说错了话，只要相信，我们依然深爱彼此。

因为我们还可以说：对不起，是我不好，我错了。

我们还可以说：请原谅我，好吗？

我们还可以说：我爱你。

我们还可以说：谢谢你的包容。

我们还可以说：有你真好，真的爱你。

感恩有你们，让我可以写下这些文字。从今往后，好好说话，世界只有爱。

作者＆读者故事

爱的教育，始于餐桌

文：素愫

我是否可以讲一个沉重的话题，因为你们曾说，看我的菜谱，嘴角会上扬。

然而我还是想讲出来。

2019 年新年刚过，就在我家附近，一个和我娃年纪相仿的小女孩，从自家小区的楼顶跳下，留下遗书和悲痛欲绝的父母。

除了心痛，我没有资格做任何评论。

只是每次看到鲜活的生命逝去，不论是花季少年的离去，亲人之间的生死纷争，还是无辜生命因为偷工减料、以劣充好，抑或抢夺公交车方向盘等被伤害，我都在想：为什么，我们对生命已经没有了敬畏？

不论是对自己，还是其他的生命。

是不是因为我们每一天，都在进行相反的“爱的教育”？

早餐，在美味的鸡蛋里，我们看不见蛋鸡一生只能站在一本书大小的面积内。刚出生的小鸡娃被绞碎，吃掉他的是他的同胞、甚至母亲。一出生就要死去，只因为他是男的，不能下蛋。

我们看不见牛奶里的血腥。在一间三万平方米的科技馆里，关于牛奶生产过程的介绍，只字未提母牛是要怀孕产子，才会有奶——和我们人类以及其他所有的哺乳动物一样。

更不会提及，为使还未长大成熟的小母牛能尽快怀孕，她们会被施以大量的激素，一旦可以受孕，便会被一只约手臂长的精子枪插入她们的阴道，进行人工授精。

在女性还是一个孩子时，就强迫她怀孕，并终生忍受高密度产子、挤奶、乳腺炎等痛苦，当她不能产奶时便被屠宰，这种行为若发生在人类身上，会被称作什么？

刚出生的小牛被立即从母亲面前拖走，刚分娩的母牛发出撕心裂肺的哀号。从未吃过一口妈妈的奶，从未得到妈妈爱抚的小公牛，在经历一段被关在黑屋、无法动弹、缺铁饮食的生活后，变成了餐桌上柔软粉嫩的“小牛肉”。而小母牛，则会重演母亲悲惨的一生。

汉语里有个词:“舐犊情深。”我们造了这个词，然后我们剥夺了他们的“舐犊”权利。杀死别家的孩子，只为了抢奶喂自己的孩子，可明明我们自己也有奶。

明明只有婴儿才需要喝奶，我们却纵容自己一辈子不断奶，一辈子当巨婴。

午餐，同样的教育进行中。我听到一位妈妈和孩子的对话：

妈妈：宝宝，我们吃素吧，你看动物死了多可怜呀。

孩子：可是在我吃他们之前，他们已经死了。

孩子们只知道肉在餐桌上，或者超市柜台里。他们从未见过，小猪生活在逼仄的板条箱里，在未被麻醉的状态下被扯去睾丸，被迫吃进大量抗生素，病了的小猪被头朝下重重摔死在水泥地板……

他们可能一生未见阳光，又或许仅有的一次见到阳光，是在被运往屠宰场的路上。

要形容最凄惨的叫声，我们会说“跟杀猪一样”。我们每天制造这样的凄惨，但不让自己听见。

那么，我们拿什么教会我们的孩子，尊重与自由？

一个成长于关爱野生动物家庭的小男孩救了一只受伤的白鹭，带回家中疗伤，他交代爷爷说：“这是我救的白鹭，你别把他当成鹅给吃了。”

那么，我们拿什么教会我们的孩子，平等与博爱？

晚餐，依然继续。不同的是可能换成了鱼。

曾经，我在阳台上刮鱼鳞，邻居打诨说：这么冷的天，你还把人家的衣服给剥了。两人轻松一笑，自以为懂了一句幽默。那时，我从没想过鱼会不会疼。

后来的某天，切菜时一走神，切到了手指，鲜红的血涌出，十指连心地疼。

一个浅浅的伤口就疼得如此钻心，想到我曾把挣扎的鱼按在案板上，用刀剖开他的肚皮，剜出他的肠子，我站在厨房号啕大哭。

在人类眼里，我是娇小柔弱的可爱女子。在鱼的眼里，我是杀鱼不眨眼的魔鬼巨兽。

我们的一日三餐里，杀死生命，只是稀松平常的事。

那么，我们拿什么教会我们的孩子，珍爱生命？

还有必要整天讨论诸如：加工肉类是一级致癌物；红肉是2A级致癌物；鸡蛋与糖尿病和多种癌症有正相关关系；牛奶不补钙反而泄钙；所有动物的肌肉组织不论猪牛羊鸡鸭鹅鱼虾蟹在高温烹饪中都产生强致癌物杂环胺等等这些话题吗？

我们根本没有权利，也毫无必要剥夺任何地球公民的生命。不吃他们，我们不仅可以活，而且显然活得更好，植物可以提供人体所需的一切营养，并且不含胆固醇。

“植物也是生命啊。”吃素以前，我也曾在内心用这句话嘲讽过佛教徒的迂腐。

后来我知道我错了。摘下苹果，苹果树明年会结更多的果子。砍下猪脚，猪不会长出更多的脚。而且，他死了。

对不起，我也想每天都写能让你们嘴角上扬的文字。可是，当我独自蜷缩在被窝不能入睡，脑子里想着刚刚去了天堂的小女孩，和以上如此种种的时候，我忍不住泪流满面。

我们必须面对真相。只有面对，才可能改变。谢谢有你们，在一起。

就在我写这些文字时，收到好友的信息：早上送女儿上学时，一辆无良逆行电动车，强行从她的摩托车和旁边的汽车中间穿过，夹伤了女儿的小腿。

“每天上学放学都是这样的状况。”朋友说。

我们何时能从漠视生命的麻木中醒来？

到那个时候，我们应该就可以在餐桌上，坦坦荡荡地说爱与被爱了。

得知女儿骗了我，我却很高兴

文：璧姑娘

退休之后，我开始经常关注健康资讯，觉得自己经验不少，比如以形养形、五色补五脏等等。可是，该补的都补了，身体还是有这样那样的问题，我就迷惑了。

前几年，我的腿和脚莫名地出现麻痹症状，跑了几次医院，有所好转，但不能彻底痊愈。医生说，血液微循环不好，没什么特效药。意思是，上了年纪，您将就着过吧。

后来有人推荐我买了一套中药按摩泡脚的设备，确实能感觉好些，但也不能完全好转，花钱且不说，每天还要花很多时间，很麻烦。

我又开始吃些如纳豆等净化血液的保健品，还比较管用。可是，保健品一旦停吃，不出两三个月就会再犯。

人若是有身体上的病痛，生活的幸福感就不见了一多半。不管有多孝顺的儿女、多富足的生活，也比不上没有病痛的一天。

有一次我让女儿素愫帮我再买些香港的纳豆（那款效果好），她说，那个品牌现在买不到了。我心里一下很失望，难道就要一直受这腿脚发麻的折磨吗？

素愫又说，我有另一个更好的法子，你要不要听？我当然催她快点讲。

她说，你把每天吃的鸡蛋停了。因为鸡蛋胆固醇特别高，会升高血脂，所以对血液循环不利。

那时的我将信将疑，但无奈之下，我只能尝试。谁知连续5天不吃鸡蛋后，奇迹出现了，腿脚发麻的症状没有了！

过了一段时间，我以为这个问题解决了，便恢复“正常”饮食，又开始每天早上吃一个鸡蛋。三天后，腿脚又开始发麻。三天不吃蛋，腿脚不麻。再吃，再麻。不吃，不麻。于是我彻底戒“蛋”了，腿脚也彻底不麻了。

这时，素愫才跟我说，当时说买不到纳豆，是骗我的。尽管知道被骗，我却很高兴。省了许多买保健品的钱，不打针不吃药，医生说治不好的毛病，却自己好了。

看来比起要补什么，更重要的是不要吃什么。

2016 年常规体检时，我的血脂偏高，知道降血脂的药会伤肝，我不想吃药，想用吃素食的方法来降脂。

几个月后，不仅血脂降了，更令我惊喜的是，困扰我几十年的一些烦恼也消失了。

很长时间以来，我的头皮发痒，日轻夜重，夜里睡着了会把自己的头皮挠伤，头皮上经常结着血痂。

医生说是“湿”。我也觉得是。

我经常是胖大舌，舌边有深深的齿痕；经常犯脚气，常年得依靠药膏，否则痒得难受。这些都是“湿”的表现，但就是无药可治。吃中药也只能减轻，不能治愈，停药后加重。

折腾一段时间后，因效果不佳，只好听之任之，自己忍受着。没想到吃了大几个月的素食后，突然发现头皮不痒了，舌边的齿痕没有了，太开心了！

为了验证到底是不是素食救了我，我拿自己当小白鼠做试验。试验的结果是：吃蛋，我的腿脚会发麻；吃鱼，我的前胸及胳膊的皮肤会发痒；吃肉，头皮会发痒。而停止吃这些，症状就很快消失。

皮肤是人体最大的排毒器官，这些症状是不是我的皮肤在提醒和拯救我？

以前总认为不要亏待自己，吃点“好的”，现在发现，果蔬豆谷就是“好的”！

我的脚气也好转了许多，但还没彻底好。

再后来知道要吃全食物，不吃精加工，我便放弃白米饭，改吃糙米和其他的杂粮，或用莲藕土豆等淀粉多的食物代替米饭。没过多久，困扰几十年的脚气也无影踪了。

若连续吃上几天白米饭，脚气便又有卷土重来的迹象，我赶紧停掉白米饭，便又很快好转。难怪素愫总说，白米白面助长湿气。

想想几十年前，我们吃的都是全谷物，后来才有了精加工白米白面。价格贵，而且有钱也不一定买得到，还要有身份地位才能“享受”。

如今再吃回粗粮，品种比以前多，口感比以前好，还有各种厨房设备比如料理机帮忙，现在若再吃白米饭，反倒觉得寡淡无味了。

看来真正好吃的，也是真正健康的。若不用心去尝试，错过美味真可惜。

七天逆转高血压，写下故事却用了几个月

文：演住

2018 年 10 月 26 日凌晨两点多，公公因脑梗塞安了一个支架。用了所有能用的药，几个小时花了十几万元，命保住了，可是嘴巴不会说话了，手不会写字了，右边的胳膊和腿也不会动了。

家，再也不是以前的家了……

我忘记在哪里曾看到一句话：父母生病都是在为儿女挡灾。非常感恩我的公公，他的这场病，改变了家里高脂高盐的饮食习惯，更坚定了我践行低脂全蔬食的心！

我虽然不吃肉已经好多年了，但是饮食中的奶制品、糖、油、白米、白面还是占很大比例的。直至参加第一期的 21 天健康挑战，开启低脂全蔬食的全新饮食方式。

感觉非常好：体重减了，身体轻盈，每年冬天的感冒没有如期来临，办公室的同事轮流感冒了一遍而我却没有，我知道这是我的免疫力增强了！

得知第二期 21 天健康挑战要开始，我试探着对娃儿爸说：咱们用 21 天做个试验，把你的高血压逆转过来。21 天之内一切含有鱼、虾、肉、蛋、奶、糖、油、白米、白面的食物统统不许吃，我做啥你吃啥。等 21 天结束之后，你愿意吃啥就吃啥，我都不再干涉了，行不？

谁知道他居然答应了！于是我开始认真地翻书研究，主要学习《非药而愈》《我医我素》《极简全蔬食》这三本书，还请教了营养专家李琳老师[1]。

每天早上给娃儿爸打好蔬果昔，站在床前柔声呼唤那个还在睡梦中的

1. 李琳老师：武汉大学客座教授，国家一级公共营养师，专注营养教育和慢性病调理二十年，擅长用低脂全蔬食干预糖尿病等慢性病。

男人起来喝，一天、两天、三天……21天！天知道我用了几辈子的耐心和N+1次的调息！有时候我常常在想：俺家娃儿爸上辈子一定是拯救过《非药而愈》吧？不然我怎么会有这么大的耐心，每天心平气和地为他打蔬果昔、如此用心地为他配餐？

功夫不负有心人！我所有的隐忍终于有了回报！第七天的时候，娃儿爸的血压已经降到正常值120/90（停吃降压药的情况下）。他怀疑家里的血压计坏了，赶紧跑到附近的诊所、县医院测量，结果都是标准的正常值！

娃儿爸满脸崇拜地看着我说：我今天才知道你做的饭菜是无价宝啊！

调理了两个星期时，他出去跑步回来告诉我：跑步的时候头不晕也不痛，脑子清清爽爽，说不出的舒服，这种感觉十几年都没有了！太舒服了！

再来说公公。他安完支架回到家的那几天，停了肉食，因为出院的时候医生交代我先生一句话：如果再犯病就不要送来了，没人能救得了他了！可是炒菜依然是多油多盐，主食依然是精制白米、白面。我说不让放油，婆婆说没油没盐吃不下去。

公公也不喝蔬果昔。我打过两次端给他喝，一次不喝，另一次接过去泼在地上了。没过多久，公公的大脚趾开始溃疡，伤口一直流脓水，住院一个多星期也没有好。医生说因为血糖高所以伤口不能愈合，必须把血糖降下来。

接着又出现了严重的便秘，七八天解不出大便，开塞露和泻药已经统统不管用了。因为憋得难受，七十多岁的公公坐在马桶上，痛苦地像孩子那样“啊啊”大哭……

无奈之下公公勉强开始喝蔬果昔。第二天的蔬果昔喝完就开始排便了！从此以后公公每天早晨必喝蔬果昔，大便每天一次，脚趾头再没有溃疡过。

可惜我能管控的只有每天的蔬果昔和早餐，午餐和晚餐仍由婆婆安排，不仅依然多油多盐，婆婆还会为公公做点不同的肉食和煎炒炖鸡蛋等，唉……

长期伺候病人难免厌烦，婆婆心烦的时候会用难听的话骂公公，公公心情不好的时候就大声哭。有一次听着婆婆的喝骂声和公公孩子般无助的哭声，我胸中抑制不住的悲愤马上就要奔涌而出。

没有任何人有资格指责我的婆婆。在公公生病以前，她每天的生活就是看看电视剧，和邻居老太太们晒晒太阳、打打牌、聊聊天，日子过得很舒适。可是现在，每天都要围着不会说话、脑子还不太清醒的公公转，伺候公公穿衣吃饭，偶尔还得洗刷满床的屎尿，换成别人可能比她还要崩溃吧。

我低着头憋着泪从楼上飞奔而下，路过二楼我没敢看公公一眼。就这样一路冲到健身房的卫生间，让眼泪奔涌一会儿，然后洗好脸，整理好头发，平复一下心情，进入瑜伽教室上课。

是的，病者已病，再大的悲伤已是无用！健康的人应当更加警醒，更加悉心守护这份健康！

下课回到家，我走进厨房，用平静的心准备晚餐。

每天做好饭菜拍照的时候，我心里总是默默观想：愿所有吃到、看到这顿饭的人都能断一切恶，行一切善，愿一切人一切事一切圆满妙吉祥！愿这世间一切有情生命都能得到最温柔的对待！

很多文章都在歌颂爱情的美好，公公生病后我再看到那些美好的文字时很想说：让你的公主或王子瘫在床上，你擦屎端尿伺候两天试试？如果你还能念出那些美丽的词儿那才叫真爱！

所以，美丽的爱情需要健康的体魄！守护健康，人人有责！我觉得这句话应该全民推广！

每次看到徐嘉博士[1]一场场演讲的时间表，我都感动到想流泪！徐嘉博士演讲的速度就是救命的速度！希望大家多多转发徐嘉博士的演讲视频，让更多人看到，早一天“低脂全蔬食”，就早一天拥抱健康，挣脱病魔的魔爪！

每一个重症病人的背后都有一个风雨飘摇的家！每一个小家都是国家的细胞，如果细胞都生病了，国家也就病了。所以实现中国梦、强国梦，从照顾好自己的身体开始！通过我 21 天逆转娃儿爸高血压的亲身经历，我深信：低脂全蔬食这味“药”，值得你一生一世用心品尝！

1. 徐嘉博士：美国约翰霍普金斯大学医学院生理学博士，致力于健康饮食推广，自 2014 年起在全国各地公益巡讲一千余场，著有畅销书《非药而愈》。

演佳随文发来的信息:

素愫老师，真是对不起！跟您承诺的文章今天才兑现！其实答应您写文章之后的第三天就已经写好了百分之八十，可是每次到了我公公的这个段落，我总是难过得写不下去，好几次文字编辑到这里都中断了……

今天终于把这个段落补上，心里像压了一大块石头，一会儿得出去跑步把这个情绪释放掉，太压抑了……

当面对一个病人，明明知道药方却不能下药救治，是一件很痛苦的事情……

真的希望可以唤醒更多的人……

那个时候，我最恨的就是床

文：Lucky Sherrie

我从大学二年级开始失眠，绝大部分时间是凌晨三点钟才能入睡，即使睡着了，也总是做梦。

因此，上课时注意力不集中，记忆力差，勉勉强强熬到快毕业，多亏班上的一位男生帮我把毕业论文写完，算是毕了业。这位男生就是我现在的先生。

工作以后，精神压力小了一点，但睡眠状况依然很差，有时 24 小时都睡不着。那时候，世界上我最恨的一样物品就是床。

因为每次躺在床上，就是一种折磨。有病乱投医，我曾尝试过各种办法，却都收效甚微。

1996 年我听说吃素可以改善睡眠，便开始尝试吃素。惊喜的是，在没有吃一片药的情况下，睡眠状况竟然开始好转。

有一次儿子生病住院，我在医院坐了三天两夜，在那里随时睡随时醒，没有失眠的困扰。

约 2010 年时我开始吃纯素，近来采用低脂纯素食，我的睡眠质量更是一路提升。

睡得香，很少做梦。如果忙起来，睡得很少也不会影响正常的生活和工作，之后不论白天黑夜随时可以补觉。即使坐跨洋飞机后，也不用倒时差。

素食不仅解决了我失眠的困扰，也让我保持很好的精神状况。

去年我已经六十岁了，公司的工作特别忙，连续一个多月，我们每周工作七天，每天至少十二小时，有时每天十六小时，一位比我大两岁的男职工因此累垮了，而我现在还在上班。

这张照片是 2018 年照的。

我工作的性质是脑力为主，用计算机进行测量，但也需要体力。照片中的那个模具大约 250 斤重，因为房间小，不能开机车进来装卸，只能用推车推进来，人工把它移上、移下检测台，搬移工作都是我一个人来完成。

同事们都惊讶："这老太婆，哪里来的那么大劲儿？"

其实，这也没有什么神奇的。

动物在被宰杀之前非常惊恐，身体里产生许多毒素，存在肉制品里。我们吃进去以后，身体内存留了这些毒素，从而影响精神和情绪。

放弃动物性食品，就是停止自我伤害，人本身的自愈能力就可以从容、有效地帮我们调理身体，使人精神抖擞。

希望我们都能找回健康，珍惜健康。

本文写于 2019 年 4 月 10 日。

素食寒凉怎么解？

文：素愫

前一阵子，双黄连口服液被抢购。

双黄连成分中的金银花、黄芩、连翘都是性寒之物，想到平时太多人跟我说“素食 / 水果寒凉我不敢吃”，我感到落差很大。就不担心双黄连寒凉了吗？

寒凉到底是个什么东西？莫非就像是爱情，太多人在传唱，可还是“说也说不清楚”！我还是随意讲故事吧。

01 喝凉茶长大的小伙子

凉茶，不是泡好的茶放凉，也不是王老吉饮料，而是清热去火的中药煮制而成。在广东许多地方，大街小巷都能随处买到。

一次活动中，主持人小伙在会后来问我：姐，你懂养生，你帮我看看，我的身体怎样？

我看着他的脸，问，你冬天会手脚冰凉吗？

小伙子说：何止冬天，现在夏天在空调房我也是啊！中医说我肾阳虚，我还没结婚呐……

我：你是哪里人？

小伙子：广东河源。

我：平时有喝凉茶的习惯吗？

小伙子：有啊，从小到大，家里经常煮，喝凉茶长大的。

我：凉茶是性寒中药，用来清热去火，有事没事来一碗，长期喝，身体怎不寒凉呢?

我有些朋友的家庭，一人感冒，就煮凉茶，还要全家一起喝，预防。

药物皆有偏性，用以纠正人体的偏性，故需对症下药，比如热者寒之，寒者热之。药不可乱吃，不可久吃。

大自然赐予我们能长期大量食用的食物多为中性，或略偏凉性或温性，一天吃下来通常也是平衡。有显著性寒和性热的食物，让我们着凉了可以煮碗姜枣汤去寒，天热时可以吃块大西瓜解暑。通常我们也不会把姜和西瓜当饭吃。

有些朋友害怕蔬菜水果寒凉，水果都要在锅里煮一遍才吃。多数食物的寒热属性并不会通过煮热而改变，不然，还怎么煮凉茶喝来清热去火呢?

健康人的体质是平和的，既不偏寒，也不偏热。若体质出现偏颇，可能有多方面的因素，简单粗暴地怪罪到素食或是水果头上，实在有失公允。

02 晒太阳、运动、早睡早起

我们的父辈或祖父辈以种地为生的时候，他们吃的基本都是素食，为什么那时候很少有人说身体寒凉呢?

有朋友马上说，“锄禾日当午，汗滴禾下土”，因为他们经常都在劳动和晒太阳!

现在我们很多人整天坐在写字楼里，见不到阳光。有些爱美的女孩子们即使出门也要打伞遮阳。上下班有车，上下楼有电梯，连搞卫生都有保洁阿姨，户外运动也很少。

过去我们日出而作，日落而息；现在我们大晚上醒着，有时睡到快中午才起床。

这些生活方式都在消耗我们的阳气。

03 空调和冰箱

古语有云：“春夏养阳，秋冬养阴。”现在我们夏天多待在空调室，不仅没有了出汗排毒排寒的机会，反而常常因为空调温度过低，导致寒气入体。

如果穿着裙子、短裤或露肩露背的衣服待在空调室内，身体许多重要的穴位都会毫无保护地被冷气侵袭。

曾在高铁上见过一位女孩，因为剧烈痛经趴在餐车的小桌上，站起身都困难。女孩穿着短裤，大部分腿都裸露在强劲的冷气中。我建议她赶紧换一条长裤，可她说没有带长裤和备用外套。

出入有空调的场所时，一定要带好备用外套，腿脚部要穿袜子和长裤，避免受寒。自己能控温的空调，不要将温度调得太低，这样还能省电环保。事实上，身体健康的人，通常对外界的寒热都较能耐受，所以有些朋友在调整为健康饮食后，感觉自己冬不怕冷，夏不怕热，夏天也不需要空调。

冰箱提供了另一个机会。有个朋友说吃了几个月的果蔬昔后，感觉身体寒凉，经常流清涕，自己有十年都不敢碰水果。

直到看到越来越多的朋友分享果蔬昔的好处，发现自己过去总是将冰箱里的水果拿出来直接吃，现在改吃接近体温的果蔬昔，不仅体寒改善了，连严重的贫血也改善了。

所以不吃生冷是对的。以水果为例，生，指未成熟的水果；冷，指温度过低。不吃生冷不是放弃成熟美味水果，而是远离冰冻食物诸如冰激凌、冰牛奶、冰啤酒、冰矿泉水等等。

04 穿衣有讲究

除了在空调室穿衣要注意，平时穿衣也需注意。奇装异服有时得不偿失，比如露出整个后背，露肚脐等，身体的重要部分都容易受寒。

天很冷的时候，在外面还常见到有人光着两条腿。肢体长时间处于低温下，必然会影响血液循环。

现在还流行将脚踝露出来，要穿没有帮的袜子，穿九分或七分裤。脚踝处有许多重要穴位，若长期受寒，身体会出现问题，很多人却并不知道是这些小细节所致。

05 寒从足下生

都知道热水泡脚对身体好，那么平时就要注意足部保暖，这些都是不花钱不花力气的养生方法，何乐而不为。

我娃小时候在一次着凉后犯了哮喘，经常复发。有一阵我发现，上幼儿园就好转，请假回家反而严重。观察发现，可能与他常踢了鞋子光脚在地上走有关，于是给他买了一双不易脱的小棉鞋。自打穿上后，立马见效，哮喘很少再犯。

不过，喉咙有痰、咳嗽等儿童常见问题还是会出现，直到素食后才算彻底轻松。

后来每每有朋友说起孩子哮喘、鼻炎等问题，发现也多是孩子有光脚丫的情况。我们现在的地板多是冰冷的瓷砖，可不能和小时候的泥土地板相比。

前不久有位朋友说，孩子夜间的咳嗽总不好，流清涕，做艾灸就好转些。这一看就是寒凉症状，旁边有人建议说，不能给孩子吃水果！宝妈觉得有道理，孩子从小就爱吃水果，怕是因此落下的病根？

我说不要随意下结论，引发寒症因素很多，比如孩子经常光脚在地上走。宝妈马上说：真的是这样！马上就去改善！过了一阵，宝妈说孩子之前的症状都没了，身体棒棒的呢。

06 咀嚼，静享自然的馈赠

中国人耳熟能详的一个词“细嚼慢咽”，做到的人少之又少。我自己也多数时候做不到。我曾尝试将一片橙子咀嚼到完全化成汁，大约需要咀嚼三十来下，而平时总是几口就咽下。

细嚼慢咽地进食，不论是降低脾胃负担、提升食物温度，还是享受专注的意念，都是对健康的加分项。而且，只需吃更少的食物就能饱足，还省钱。

07 血液健康要重视

有些食物性温，吃后感觉能去寒暖身，比如羊肉。所以一到冬天，街上充满着小肥羊火锅的味道。

那么我们是要多吃羊肉吗?

可是另一方面，许多践行低脂全蔬食甚至生食果食的人，却反映以前体寒的问题消失了，从原来的怕冷、手脚冰凉，到冬天穿得盖得都比别人少。

注：全生食果食需要专业指导，勿轻易自行尝试。普通人群果、蔬、豆、谷搭配即可。

血液循环通畅，离心脏远的手和脚，也会是暖和的。

动物性食物会造成血管炎症、会提高动脉硬化的风险。虽然这一餐吃暖和了，却也在损坏自己的核心供能站。

纯净的低脂全蔬食看着没有多少烟火气，却能抗炎、促进血液健康、恢复自愈力。

吃羊肉暖身就像依赖火炉烤火，吃低脂全蔬食才是建设自己内在的热能站。

08 喜升阳、善升阳

心宽似海，温暖向阳。来跟我咨询体寒的朋友，大多有心思细腻、思虑过多的特点。

有个朋友问一个普通食物的吃法，问了很久。我说，你别问了，你已经提了八个问题，却还没有去吃它。思伤脾，脾胃不好，又引起诸多问题。

朋友说，是的，在单位里发生点什么事情，我都要在心里放上几个月。

那么，这些就真的跟吃没有关系了!

时光从不停止流去，在我们纠结的时候，不知多少个当下又滑过去了!

没有谁的生活只有甜蜜。有压在身上的担子，有猝不及防的打击。

那又有什么要紧，我说过的，宠爱自己三大招：饿了就吃，困了就睡，痛了就哭。简简单单，复归于婴儿。

09 倾听身体的声音

要注意的是，每个人的身体状况和阶段是不同的。比如有人就处在吃不了某些食物的状态。

这个状态通常是可以修复的。在修复的过程中，我们需要关注和倾听自己身体的声音，而不是勉强为之。

这就好像，适量运动对身体好，但如果身体不适需要卧床休息时，运动就要暂停。待身体恢复元气，自然又可以在户外撒欢了。

郑重提醒：本书旨在分享美味蔬食菜谱及健康理念，并无以此代替任何必要的医疗措施之意。饮食原则是方向性建议，需倾听身体的声音，依自身情况灵活调整。

图书在版编目（CIP）数据

极简全蔬食.2/素愫著.-- 北京：华夏出版社有限公司，2021.10
ISBN 978-7-5222-0106-1（2022.1 重印）

Ⅰ.①极… Ⅱ.①素… Ⅲ.①素菜－菜谱 Ⅳ.①TS972.123

中国版本图书馆 CIP 数据核字 (2021) 第 014599 号

极简全蔬食 2

作　　者 素　愫
责任编辑 陈　迪
责任印制 刘　洋

出版发行 华夏出版社有限公司
经　　销 新华书店
印　　刷 北京华宇信诺印刷有限公司
装　　订 三河市少明印务有限公司
版　　次 2021 年 10 月北京第 1 版
　　　　 2022 年 1 月北京第 2 次印刷
开　　本 720×1000　1/16
印　　张 19.25
字　　数 200 千字
定　　价 79.00 元

华夏出版社有限公司
网址:www.hxph.com.cn 地址：北京市东直门外香河园北里4号　邮编：100028
若发现本版图书有印装质量问题，请与我社营销中心联系调换。电话：（010）64663331（转）